海派文化丛书

上海名人家训

胡申生著

文汇出版社

编委会

总序

在中国所有的城市中，没有也不可能有两个城市是完全相同的，每个城市都有各自的特点和个性。上海，无论是城市的形成过程、发展道路，还是外观风貌、人文内蕴，抑或是民间风俗习惯等，都有鲜明的特点和个性，有些方面还颇具奇光异彩！

如果要我用一个字来形容上海这座城市，我以为唯独一个"海"字，别无选择。

上海是海。据研究表明，今上海市的大部分地区，尤其是市中心地区，在六千多年以前，尚是汪洋一片。随着时间的推移，长江的奔流不息，大海的潮涨潮落，渐渐淤积成了新的陆地，以打鱼为生的先民们开始来这一带活动。滩涂湿地渐长，围海造地渐移，渔民顺势东进，于是出现了叫上海浦、下海浦的两个小渔村，由此迅速发展起来。到南宋咸淳三年（1267年），在今小东门十六铺岸边形成集镇，称上海镇。后于1292年正式设置上海县，县署就在今老城厢内的旧校场路上。一个新兴的中国滨海城市就这样开始崛起。所以我认为，上海可以说是一座水城，上海是因水而生，因水而兴，水是上海的血脉，水是上海的精灵。直至今日，上海的地名、路名依旧多有滩、渡、浜、泾、汇、河、桥、塘、浦、湾……这都在向人们证明，是水造就了上海这座城市。

海洋是美丽而壮观的。约占地球表面总面积的70.8%是海洋水面，如果称地球为"水球"也不无道理。海洋是广阔而有边的，是深而可测的。"日月之行，若出其中；星汉灿烂，若出其里。"海洋是生命的摇篮，是资源的宝库……任你怎样为之赞美都不会过分。

海在洋的边缘，临近大陆，便于和人类亲密接触。我国的万里海疆，美丽而且富饶，被誉为能量的源泉、天然的鱼仓、盐类的故乡，孕育着宇宙的精华，激荡着生命的活力……任你怎样为之歌唱都不会尽兴。

上海是海。是襟江连海的不息水流造就了上海，更是水滋养了上海，使这座城市孕育了以海纳百川、兼容并蓄为主要特征的海派文化。可以说，没有水就没有上海，就没有这座迅速崛起的滨海城市。没有海派文化的积极作用，也就没有上海的迅速崛起和繁荣发达。今后，上海的发展还要继续做好这篇水文章，充分发挥自己的优势和特点！

上海是海。上海人来自五湖四海，是中国最大的移民城市，是典型的近代崛起的新兴城市，不同于在传统城市基础上长期自然形成的古老城市。1843年开埠以前，上海人口只有20多万，经过百年的发展，人口猛增到500多万。据1950年的统计，上海本地原住民只占上海总人口的15%，移民则高达85%。上海的移民，国内的大都来自江苏、浙江、安徽、福建、广东，国际的虽来自近四十个国家，但主要来自英、法、美、日、德、俄，其数量最多时高达15万人。在一个多世纪中，上海大规模的国内移民潮有如下几次：

太平天国期间，从1855年到1865年，上海人口一下子净增了11万。

抗日战争时期，特别是孤岛期间，仅4年时间，上海人口净增了78万。

解放战争期间，三年左右，上海人口净增了208万，增势之猛，世界罕见。

改革开放以来，上海产生了新一波移民潮，人口增长势头也很猛，现在户籍人口已经超过1 800万，此外，还有外来务工人员600万。每年春运高峰，车站码头人山人海、人流如潮，是上海一道独特的风景。

上海是海。上海的建筑素有万国博览会之美誉，现在是越来越名副其实了。有人说建筑是城市的象征，是城市文化的载体；也有人说建筑是凝固的音乐，是城市的表情。依我看，上海的城市建筑是海派文化的外在形象体现，无论是富有上海特色的石库门里弄房屋，还是按照欧美风格设计建造的各式各样的建筑，包括集中于南京路外滩的建筑群，和分布于各区的多姿多彩的别墅洋楼，诸如文艺复兴式、哥特式、巴洛克式、古典主义式……现已列入重点保护的优秀历史建筑就达300多处，或者是后来建造的如原中苏友好大厦等，都在向人们无声地讲述着丰富而生动的历史人文故事，演奏着上海社会发展进步史上的一个个乐章。

上海是海。上海人讲话多有南腔北调，还有洋腔洋调。中国地域广阔，方言土语十分丰富。56个民族，都有本民族的语言。上海这个迅速崛起的移民城市，人口的多元化，自然带来了语言的多样化，中国各地方言和世界各国的语言大都能在上海听到。

上海是海。上海人的饮食，可谓多滋多味，菜系林立，风味各异，川帮、广帮、闽帮、徽帮、本帮……应有尽有；西菜、俄菜、日本菜、印度菜……数不胜数。

上海是海。上海的戏剧舞台百花争艳，京剧、昆剧、越剧、沪剧、淮剧、歌剧、舞剧……剧种之多，阵容之齐，在国内数一数二，在国际堪称少有。浙江嵊县土生土长的越剧在上海生根开花，走向全国；而上海土生土长的沪剧则别具一格地将莎士比亚的《罗密欧与朱丽叶》、王尔德的

《少奶奶的扇子》改编成功……

上海确实就是海!

海派文化姓海。

海派文化不等于全部上海文化,而是上海文化独特性的集中表现。

姓海的海派文化,是我们中华文化的一部分。中华文化是我们中华民族之魂。中华文化历史悠久,博大精深,就像一棵根深叶茂、顶天立地的大树,巍然屹立,万古长青,枝繁叶茂,这树的主干在北京,树根深扎国土,树枝则是伸向祖国各地各民族的地域文化和民族文化。有一种说法耐人寻味:看中华文化五千年要到西安去;看中华文化两千年要到北京去,看近百年来中华文化发展要到上海去。当然,比喻总是蹩脚的。

姓海的海派文化,是伴随着上海这座典型的移民城市的崛起而形成和发展的,来自江苏、浙江、安徽、广东、福建……的移民带来了当地的民族民间文化,在上海相互影响,有的彼此融合,有的相互排斥,有的自然淘汰,经久磨合而逐渐形成新的文化形态。因此,海派文化是吸纳了国内各地民间文化精华,孵化生成具有鲜明上海地方特色和个性的独特文化。

姓海的海派文化,是受世界文化特别是受西方文化影响最多的中国地域文化。1843年上海开埠以后,西学东渐,海派崛起,云蒸霞蔚,日趋明显。随着西方物质文明的输入,如1865年10月18日在南京路点亮第一盏煤气灯,从此上海有了"不夜城"之名;1881年英商自来水公司成立,次年在虹口铺设水管,开始供水……东西方人与人、文化与文化整体接触,尤其是租界上"华洋杂处"、"文化混合",虽然于我们是一种无可奈何的选择,但客观上却是引进西方文化早而且多,使上海成了"近代化最成功的地方,市民文化最强大的城市",往往统领风气之先。

姓海的海派文化，是随着上海发展而发展的，是客观存在，有客观规律，我以为大体可分为这样几个时期：

萌芽时期：1843年上海开埠以前，中华传统文化特别是吴越文化，为海派文化提供了基础，开始孕育海派文化。

成长时期：1843—1949年期间，特别是20世纪三四十年代，上海"八面来风"似的国内外移民，哺育了海派文化的成长。

转折时期：这又可以分为两段：1949—1965年间，建国以后，定都北京，商务印书馆等文化单位迁往北京，以郭沫若、茅盾、叶圣陶、夏衍、曹禺为代表的上海文坛骁将率队陆续迁居北京，上海在电影、文学、戏剧等诸多方面不再是中国的文化中心，这是很正常的转移。上海虽然不再是中国的文化中心了，但文化基础很好，依然作用不小，有些方面如电影、小说在全国的影响还是很大的。这也给海派文化带来了新的发展机遇。1966—1976年，"文化大革命"十年浩劫，整个中国文化，包括海派文化，遭受了毁灭性的破坏，罄竹难书。

成熟时期：1976年，笼罩祖国天空的阴霾一举扫去，阳光重新普照大地，结束长达十年的浩劫，开始拨乱反正、改革开放新时期，在全中国范围对"文革"进行反思，进行平反冤假错案，逐步恢复正常的文化活动。上海以话剧《于无声处》和小说《伤痕》为起点，海派文化开始新的阶段。在党的十一届三中全会精神指引下，上海再次成为东西方文化交流的中心，海派文化重新焕发青春，健康发展，在新的基础上正在走向成熟。

当前，海派文化面临着新的机遇和挑战，存在这样那样前进和发展过程中难以避免的问题和弱点，这是要引起重视并认真对待的。

姓海的海派文化，有哪些基本特点呢？我以为主要有：

一是开放性：海纳百川、有容乃大，为我所用，化腐朽为神奇，创风气之先河。不闭关自守，不固步自封，不拒绝先进。

二是创新性：吸纳不等于照搬照抄，也不是重复和模仿人家，而是富有创新精神，洋溢着创造的活力。当年海派京剧的连台本戏、机关布景是创新，如今的《曹操与杨修》也是创新，金茂大厦则是在建筑文化方面的创新。

三是扬弃性：百川归海，难免泥沙俱下，鱼龙混杂，尤其在被动开放时期，特别是在"孤岛时期"，租界内某些殖民文化的影响也不能忽视，需要加以清醒地辨别，区别对待，避免盲目和盲从。

四是多元性：海派文化和其他事物一样，具有综合性，是复杂的体系，不应该要求纯之又纯，水清无鱼，那就不成其为海派文化了。雅与俗，洋与土，阳春白雪与下里巴人相容并存，以致落后、低级、庸俗、黄色、反动文化，在以往那特定历史时期，也夹杂其间，怎么能用这些来对今天的海派文化说事呢。

五是商业性，海派文化在不同历史时期和不同政治、经济、社会环境中，其适应市场的商业性都有不同的表现。上海人往往对国内外市场行情具有敏感性，适应市场变化的能力比较强，有些从事文化艺术工作的人士，也比较有经济头脑和市场意识。

我认为，海派文化的"派"，既不是派性的派，也不是拉帮结派的派，更不是其他什么派。千万不要"谈派色变"，也不必对"派"字讳莫如深，远而避之，切忌不要一提到"派"字，就联想到造反派、搞派性、讲派别！不，我们这里所说的海派文化，是反映上海文化风格的最重要流派。我国有京派文化、徽派文化、吴越文化……和海派文化一样，都是中华文化的组成部分。我们的京剧有麒派、尚派等等，越剧有袁（雪芬）派、傅（全香）派、戚（雅仙）派……都是戏剧艺术的流派，流派纷呈有何不好。

我认为，海派文化是客观存在，不以人们的主观意志为转移。海派文化并不是一成不变的，而是一直在发展变化之中，既不要一提到海派文化就沉醉于20世纪30年代怀旧情调中，也不要一说到海派文化马上就和当年的流氓、大亨、白相人划等号。应该看到，经历了漫长时期的风雨淘洗，特别是进入改革开放新时期以来，上海发生了巨大变化，海派文化也呈现出前所未有的崭新面貌。海派文化发展的至高境界，我想就是"海派无派"，正如石涛先生所说，"无法而法，乃为至法"。应该要为海派文化向至高境界发展而不断努力。

时代呼唤《海派文化丛书》。

《海派文化丛书》是历史的需要。在经济全球化和文化趋同化的当今世界，我们伟大祖国亿万人民正在为建设和谐社会、和谐世界而团结奋斗，中央要求上海搞好"四个中心"建设，发挥"四个率先"作用，还要继续搞好在浦东的综合改革试点，为中国特色社会主义事业作出应有贡献，特别是要主动热情地为争取办好中国2010年上海世界博览会而努力。世界人民的目光聚焦上海，为了全面了解上海、正确认识上海，都迫切需要为他们提供新的准确而完整的图书资料。国内各兄弟省市的同志也有这样的愿望，新老上海人同样都有这个要求。可以说，编辑出版一套系统介绍海派文化的丛书是当务之急。

《海派文化丛书》必须力求准确系统地介绍海派文化。海派文化曾经有过争议，如今也还是仁者见仁，有不同看法是正常的，也是好事。我们编纂者则要严肃而又严格地正确把握，既不要过于偏爱，也不要执意偏见。近年来，由于上海大学领导的重视和不少专家学者热情支持，已经举行了多次海派文化学术研讨会，汇编出版了五本论文选集，受到社会各方面的关心和欢迎，但这还远远不够。我们要以认真负责的态度，出版好这套丛书。

《海派文化丛书》的创作、编辑、出版工作一经动议，就得到作家、编辑和有关领导的热情支持，得到上海大学、上海市对外文化交流协会和文汇出版社等大力帮助。我相信，《海派文化丛书》的出版可以为中华文化宝库增添新的内容，为中华民族的振兴和上海的建设增强精神助推力，同时，也可为希望全面了解上海的中外人士，提供一套具有系统性、权威性、可读性而又图文并茂的图书。

我谨代表《海派文化丛书》的作者、编者、出版发行者，向所有给予帮助和支持的单位及个人表示衷心感谢！向读者和收藏者们致以诚挚的敬意！向读后对本丛书提出批评意见和建议的朋友鞠躬致敬！

是为序。

李伦新

2007年5月20日于乐耕堂

（本文作者为上海大学海派文化研究中心主任）

前言

在中国城市之林,论资历,上海并不占先。而说到现代上海在中国的地位和影响,则没有几个城市能与之比肩。上海在其长期的发展过程中,名人辈出,灿若星汉。自古到今,滔滔黄浦江,孕育了一代又一代名人;这些名人又使得上海名声远播。上海和名人,互为表里。松江九峰,孕育了三国东吴名将陆逊家族,陆逊以战功受封华亭侯,又使古松江地区名声大振,为世人所重视。明代的上海老城厢文化造就了大科学家徐光启,"徐上海"又使得全世界都记住了上海。近代、现代、当代的上海,更是名人荟萃,革命者、改革家、学者、作家、军事家、外交家、科学家、教育家、出版家、政论家、艺术家、记者、社会活动家、金融家、实业家等等各擅胜场。上海这块热土,给四方各路名人搭建了一个施展才能的舞台,名人又以他们的成功使得上海吸引了全世界的目光。

在上海留下足迹的众多名人,有的是出生于上海,有的是其辉煌业绩成就于上海,有的是在上海工作、活动过,有的是在上海担任过重要职务,有的是在上海产生了重要影响,也有的是其后代在上海作出了不凡成就。要书写任何一部上海史,都不能不给他们加以浓墨重彩。

许多上海名人，在上海留下他们煌煌伟绩的同时，还留下了他们的家训。家训有狭义、广义之分。家训之狭义，指父祖为子孙写的训导之辞，如北齐颜之推的《颜氏家训》；广义之家训，指父祖对子女的训导，这种训导，除了书面的训导之辞以外，还包括家庭教育、家书往来、日常谈话、遗言遗嘱等。现在奉献给读者的这本《上海名人家训》，就是撷取上海古代、近代、现当代的名人，他们自己在成长的过程中所接受的家训和他们给儿孙辈施以的家训。通过这些家训，使我们能够了解到，他们之所以能够成为名人，家训在其中具有极其重要的作用；而他们不但自己成为大家，他们的子孙后人，同样贤人辈出，也是因为家训在其中起到决定性的作用。家训是家庭教育的重要组成部分，家训文化是中国家庭教育的优良传统，只要有家庭存在，家训是每一个家庭都不可或缺的。谁不想提高自己的家庭教育质量？做父母的谁不想让自己的子女成才？或许你能够从这本书中得到一些启发吧。

　　本书在写作过程中，阅读了大量名人传记，凡有引用，均一一注明。有漏注之处，是为疏忽所致，绝不敢掠美，望予以见谅。

目录

第一章

家训文化是中国家庭教育的优良传统

1. 中国家训文化的起源

凡是读过初唐诗人王勃《滕王阁序》的,恐怕都会记得赋中"他日趋庭,叨陪鲤对"这句话吧。其意是说作者过些时候将到父亲那里聆受教育。王勃在这里用了一个有关家训的典故,即孔子的儿子孔鲤"趋庭应对"的故事。

《论语·季氏》记载了这样一件事:

陈亢问于伯鱼曰:"子亦有异闻乎?"

对曰:"未也。尝独立,鲤趋而过庭。曰:'学诗乎?'对曰:'未也。'
'不学诗,无以言。'鲤退而学诗。他日,又独立,鲤趋而过庭。曰:'学礼
乎?'对曰:'未也。''不学礼,无以立。'鲤退而学礼。闻斯二者。"

陈亢退而喜曰:"闻一得三,闻诗,闻礼,又闻君子之远其子也。"

根据近人杨伯峻的《论语译注》,这段文字译成白话是这样的:

陈亢向孔子的儿子伯鱼问道:"您在老师那儿,也得着与众不同的传授吗?"

答道:"没有。他曾经一个人站在庭中,我恭敬地走过。他问我道:
'学诗没有?'我道:'没有。'他便道:'不学诗就不会说话。'我退回便学
诗。过了几天,他又一个人站在庭中,我又恭敬地走过。他问道:'学礼没
有?'我答:'没有。'他道:'不学礼,便没有立足社会的依据。'我退回便
学礼。只听到这两件。"

陈亢回去非常高兴地道:"我问一件事,知道了三件事。知道诗,知
道礼,又知道君子对他儿子的态度。"①

---

① 杨伯峻:《论语译注》,中华书局,2006年10月出版,第201页。

文中的陈亢,字子禽,有人认为是孔子的学生,也有学者对此持否定态度。伯鱼,孔子的儿子,名鲤,伯鱼为其表字。这段话非常精彩,一直被后人引用,成为中国古代家庭教育的典范。由这一故事引申出来的"趋庭"、"鲤对"、"庭训"等,也成为中国古代家训的代称。

家训是中国家庭教育的优良传统,是中国家庭教育的方法之一。家训的说法很多,有人做过统计和专述,有70多种说法,包括家范、家诫、家教、家规、家法、家约、家矩、家则、家要、家箴、家语、家言、家书、家政、家制、家订、家鉴、宗范、族范、世范、宗规、族规、宗训、宗约、族约、宗式、宗仪、宗誓、宗教、宗典、宗型、宗政、燕翼、贻谋、庭训、庭诰、庭语、遗令、遗戒、遗敕、遗言、遗训、遗教、遗疏、遗书、遗嘱、顾命、将死之鸣、闲家、教家、治家、传家、齐家、慈训、母训、慈教、母教、祠规、规矩、规条、条规、塾训、塾铎、祖训、垂训、训言、条约、公约、庸言、庸行、训儿、训子、示儿、示子、家劝、家典、世训等,其中最常见的,使用的最为广泛的还是家训。①

家训一词最早见于《后汉书》。据《后汉书·边让传》记载,东汉末年,议郎蔡邕向秉政大将军何进推荐以才名闻世的边让,认为边让"天授逸才,聪明贤智。髫龀夙孤,不尽家训"。但说起中国的家训文化,起源则要早得多。

相传伏羲即有《十言之教》,炎帝有《神农之禁》《神农之法》和《神农之教》,黄帝则有《道言》《政语》《巾几铭》《戒》《丹书戒》等。其他还有如黄帝的孙子颛顼作《丹书》,黄帝的曾孙帝喾作《政语》,还有帝尧的《尧戒》、夏禹的《禹誓》、商汤的《嫁妹辞》等等。这些文字,有的为传说,有的是托名,虽然也散见于各种典籍之中,但其可靠性却值得怀疑。然而,从中也可以透露出中国家训文化起源之早的一些信息。

---

① 徐梓:《家范志》,上海人民出版社,1998年出版,第5—26页。

中国家训文化之滥觞，最早而又可信的，为周公训子。

周公，名旦，周文王之子，周武王之弟，西周初年最伟大的政治家。西周政权建立以后，遍封功臣，建立诸侯国，周公旦受封于鲁国，是为鲁公。然而周公旦因要留在京城辅佐侄子周成王，不能就封，就让自己的儿子伯禽就封于鲁。据《史记·鲁周公世家》记载，当伯禽临行之前，

> 周公戒伯禽曰："我文王之子，武王之弟，成王之叔父，我于天下亦不贱矣。然我一沐三捉发，一饭三吐哺，起以待士，犹恐失天下之贤人。子之鲁，慎无以国骄人。"

按当时周公的权势地位，国人无人可比。作为父亲，周公旦生怕自己的儿子到了封国鲁地，倚仗显赫的家世和实际的地位，以国骄人，就以自己"一沐三捉发，一饭三吐哺"礼贤下士的做法来教训儿子善待贤人，善待百姓。周公训子和孔子庭训也成为中国家训文化中千古传诵不衰的经典。

2. 中国家训文化的变迁

中国的家训文化源远流长。从中国的奴隶社会到漫长的封建社会，家训文化一直伴随着中国家庭教育始终，也留下了无数名人家庭教育的佳话。如果把中国家训文化的发展划分阶段的话，大致可分为萌芽阶段、形成阶段、成熟阶段、繁荣阶段和衰落阶段。

中国家训文化的萌芽时期

从西周到春秋战国，是中国家训文化的萌芽时期。其特点是在家族、家庭中出现了长辈对儿孙的训诫和庭训。这一时期，除了已经介绍过的周公训子和孔子庭训的故事以外，还有一些著名的家训故事。

孙叔敖训子

孙叔敖是战国时期楚国名相。在地方上任职时，施教导民，吏无奸贼，盗贼不起。后辅佐春秋五霸之一的楚庄王成就霸业，立有大功。但他不居功自傲，依然生活俭朴，出门常乘柴车，乃至面有饥色。临终前召集儿子到病榻前嘱咐后事，留下遗训。他训诫其子说："王亟封我矣，吾不受也。为我死，王则封汝。汝必无受利地！楚越之间有寝丘者，此地不利而名甚恶。楚人鬼而越人禨，可长有者唯此也。"这是孙叔敖在指导儿孙们如何保持封地。按照楚制，功臣封地传至二世就由国家收回，孙叔敖要儿子主动放弃良田肥地，挑贫瘠而又名字不吉利的寝丘，是希望子孙从此求得生存，过着平和的生活。孙叔敖死后，楚王果然以良田美地封给孙叔敖的儿子，但其子遵从父训，辞而不受，主动要求以寝丘作为封地。楚王就满足了这一要求，结果孙叔敖的后人最终保住了封地。[1] 从这则故事可

---

①《列子·说符》，据杨伯峻《列子集释》，中华书局，1979年10月出版，第259—260页。

以看出孙叔敖思虑之深远，尤其显示出他居安思危的过人智慧。

赵简子训子

赵简子，名鞅，是春秋时期晋国上卿。他有二子伯鲁和无卹。在赵简子生活的年代，晋国已处于风雨飘摇之中，赵简子也很为自己家族的命运担忧。为了挑选好适合的家族继承者，他就在木简上写下"节用听聪，敬贤勿慢，使能勿贱"12个训诫之辞，分别交给伯鲁和无卹，令他们铭记和收藏。三年以后，赵简子考问两个儿子，伯鲁早就将父亲训诫丢至九霄云外，写有训诫的木简也不知去向，而无卹却能很快并准确地背出父亲训诫，并拿出时时藏在身边的载有"家训"的木简。赵简子从两个儿子对"家训"的不同态度上，确定无卹为继承者。据《史记·赵世家》记载，赵简子原定伯鲁为太子，后发现无卹最贤，又经过谈话和考察，最终以无卹取代了伯鲁。后来无卹也确实依父亲训诫行事，为后来的赵国的建立打下了基础。

在西周和春秋战国时期，除了周公、孔子这样伟大的政治家以及像孙叔敖、赵简子等大官、贵族留下的家训故事以外，还有几位女性教子的故事，是中国家训文化中不能不提的佳话。

敬姜教子

敬姜是春秋时期鲁国人，公父穆伯之妻，鲁国大夫公父文伯之母。据《国语·鲁语下》记载，一次，公父文伯退朝回家，拜见母亲。看到母亲正在绩麻，就对她说："以我们这样的富贵之家，您还亲自绩麻，我担心会引起季孙（即季康子）生气，以为我不能奉养您。"她听了这话后，很不以为然，认为儿子虽然做官，但还有许多道理不明白，深为季氏和鲁国的命运担忧。她就教训儿子说："昔圣王之处民也，择瘠土而处之，劳其民而用之，故长王天下。夫民劳则思，思则善心生；逸则淫，淫则忘善，忘善则恶心生。沃土之民不材，淫也；瘠土之民莫不向义，劳

* 刘向

绘图版《列女传》 *

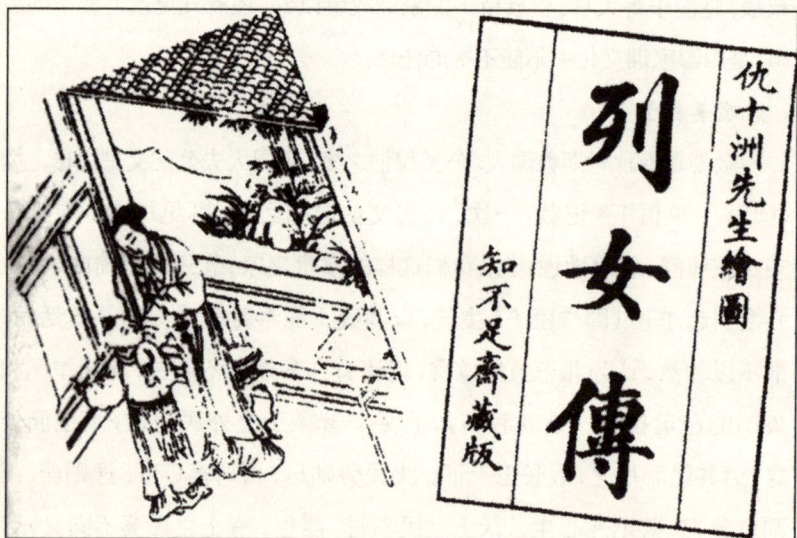

也。"① 在这里,敬姜教训儿子要劳思,不要追求安逸。并且将劳思、安逸同人心善恶挂起钩来。她特别有远见地指出,一味只图安逸,即使身居沃土,客观条件再好,子女不一定成材;如果勿忘劳作,即使生活在贫瘠之地,人心都能争着向善。

在《列女传》中,还记载了敬姜教育公父文伯的一个故事。有一次她偶然看到儿子游学回家,周围一班朋友像侍奉父兄一样对待儿子,儿子则心安理得地享受这种待遇。敬姜看了很生气,就将儿子唤来,教训他说:"昔者武王罢朝,而结丝袜绝,左右顾,无可使结之者,俯而自申之,故能成王道。桓公坐友三人,谏臣五人,日举过者三十人,故能成伯(霸)业。周公一食而三吐哺,一沐而三握发,所执贽而见于穷闾隘巷者七十余人,故能存周室。彼二圣一贤者,皆霸王之君也,而下人如此。其所与游者,皆过己者也,是以日益而不自知也。今以子年之少而位之卑,所与游者,皆为服役。子之不益,亦以明矣。"② 敬姜的这番教训,通过对周武王、齐桓公和周公旦这二圣一贤待人交友的分析,一是讲了交朋友的原则,即所交之人,"皆过己者",就是说要交那些在各方面超过自己的人,自己才能在不知不觉中获得进步;二是讲了交朋友的态度,即"下人",即尊重朋友,善待朋友,虚心向朋友学习。公父文伯听了母亲教训以后,幡然悔悟,选择严师良友交际,日有进益。关于敬姜教子,得到孔子的多次称赞,认为敬姜教训儿子的关于"劳有益,逸有损"的那段话很有道理,要求自己的学生也要记取。

楚子发母亲训子

子发名舍,是春秋时期的楚国令尹。一次,他带兵攻打秦国,派人回国催粮,并让使者顺道看望母亲。当母亲知道,在前线,士兵因粮食不足

① 《国语·鲁语下》,上海古籍出版社,1978年3月出版,第205—208页。
② 汉·刘向:《列女传》卷一,引自张涛:《列女传译注》,山东大学出版社,1990年8月出版,第24页。

在分吃豆子，而作为统帅的儿子子发，却顿顿吃肉吃细粮，不由大怒。等子发得胜回家，母亲将儿子拒之门外，并训斥他说："子不闻越王勾践之伐吴耶？客有献醇酒一器者，王使人注江之上流，使士卒饮其下流。味不及加美，而士卒战自五也。异日，有献一囊糗精者，王又以赐军士，分而食之。甘不逾嗌，而战自十也。今子为将，士卒并分菽粒而食之，子独朝夕刍豢黍粱，何也？《诗》不云乎：'好乐无荒，良士休休。'言不失和也。夫使人人于死地，而自康乐于其上，虽有以得胜，非其术也。子非吾子也。无人吾门！"① 从子发母亲这段训词可以看出：第一，教子严格，儿子身为令尹，大军统帅，但母亲不因儿子任高官而放弃对儿子品德的管教。第二，见识高远。认为统帅带兵，就应该与战士同甘共苦。如果统帅"使人人于死地，而自康乐于其上"，即使"有以得胜，非其术也"，明确告诉儿子，这次得胜还朝具有偶然因素，不是带兵正道。第三，教训儿子不走过场，以"子非吾子，无人吾门"这样的绝断语气要儿子认识错误，痛改前非。在母亲的开导和严训下，子发最后向母亲认错，母子才得以在家重逢。

孟母教子

关于孟母教子，和孔子庭训一样，是中国古代家训中流传最广的故事。孟子，名轲，是中国封建社会的"亚圣"，是孔子学说的继承者和发扬光大者。据《列女传》记载，孟子年幼之时，家紧挨着墓地，孩提时期的孟子，像许多同龄孩子一样，贪玩，喜欢模仿大人举止行为，于是"嬉游为墓间之事，踊跃筑埋。孟母曰：'此非吾所以居处子也。'乃去，舍市傍。其嬉戏为贾人炫卖之事。孟母又曰：'此非吾所以居处子也。'复徙舍学宫之傍。其嬉游乃设俎豆，揖让进退。孟母曰：'真可以居吾子矣。'遂居。

---

① 汉·刘向：《列女传》卷一，引自张涛：《列女传译注》，山东大学出版社，1990年8月出版，第35—36页。

* 孟母择邻

* 孟母断机

及孟子长,学六艺,卒成大儒之名"。① 这就是著名的"孟母三迁择邻"的故事。在这个故事中,虽然没有孟母在言辞上对孟子的训诫,但通过迁居这件事,体现了孟母教子的严格。用今天社会学的眼光来看,孟母教子是非常注意和重视环境对孩子社会化影响的。

孟母教子还有一则是断机杼训子的故事。孟子放学回家,母亲正在纺织。母亲问儿子学得怎样了,孟子回答说可以了,不用再学了。孟母即用刀砍断机杼,对儿子训诫说:"子之废学,若吾断斯织也。夫君子学以立名,问则广知,是以居则安宁,动则远害。今而废之,是不免于厮役,而无以离于祸患也,何以异于织绩而食,中道废而不为,宁能衣其夫子而长不乏粮食哉? 女则废其所食,男则堕于修德,不为盗窃,则为虏役矣。"② 孟母这次训子,是

①汉·刘向:《列女传》卷一,引自张涛:《列女传译注》,山东大学出版社,1990年8月出版,第38页。
②同上书。

行为和言辞双管齐下。在行为上，她以断机杼的行为给予孟子以棒喝，表示对儿子厌学自满的批评；同时在言辞上，以"君子学以立名，问则广知，是以居则安宁，动则远害"和废学必将"不免于厮役，而无以离于祸患"正反两方面的结果来教育孟子。孟子日后成为大儒，成为孔子思想和学说的继承者，同母亲的家训是分不开的。

中国家训文化的发展时期

两汉三国魏晋南北朝，是中国家训文化得以发展的时期，家训的面越来越广，内容也越来越丰富，具有重要影响的有以下一些：

刘邦教子

刘邦（前256—前195），即汉高祖刘邦，西汉王朝的开创者，他是中国历史上第一个农民出身的皇帝。他从小在田间游荡，不事稼穑，没有受过良好的家庭教育和学校教育，并且一向瞧不起读书人。但是，在领导义军推翻秦王朝、在和项羽争夺天下的过程中以及建立汉王朝以后，逐渐认识到知识的重要、学习的重要。于是，他将自己的体会、教训以训敕的形式

汉高祖像

* 刘邦，字季，庙号高祖，泗水沛（今江苏沛县）人。西汉开国皇帝。前206年称汉王，前202年即帝位。像载《三才图会》，明万历刻本。

13

告诉了太子刘盈。其中，刘邦对刘盈说："吾遭乱世，当秦禁学，自喜，谓读书无所益。洎践祚以来，时方省书，乃使人知作者之意，追思昔所行，多不是。"[1] 他又说："吾生不学书，但读书问字而遂知耳。以此故不大工，然亦足自辞解。今视汝书，犹不如吾。汝可勤学习，每上疏，宜自书，勿使人也。"[2]，以上这两段训词，表现了刘邦作为一个父亲，对儿子读书学习上的要求。首先，刘邦在儿子面前并没有掩盖自己早年"谓读书无益"轻视学习的态度，并当面检讨自己，"追思昔所行，多不是"。这一点，作为帝王之尊，作为父亲，在儿子面前坦陈己过是很不容易的，也是家训中极有特色的。其次，他也以父亲的身份，批评了儿子在读书方面的不足，要求儿子"勤学习"，每次上疏，应该亲自起草书写，不要请他人代笔。从这个训词中，我们只看到一名父亲对儿子的关心和教育，看不到一个皇帝高高在上的威严和矜持，这段家训也凸现出刘邦豁达大度、不喜雕饰的性格。

司马谈教子

中国古代最伟大的历史学家司马迁，是中国第一部纪传体通史《史记》的作者。西汉武帝时任太史令。后因替投降匈奴的李陵辩解，得罪下狱，受腐刑。出狱后任中书令。一个男子，身受腐刑，这是难以忍受的奇耻大辱。因此，司马迁几次想到去死。但他"所以隐忍苟活，函粪土之中而不辞者，恨私心有所不尽，鄙没世而文采不表于后也"。[3] 也就是说，司马迁身遭奇耻大辱，之所以沉痛地忍受着耻辱而苟且偷生，是因为遗憾于自己一个最大的心愿尚未完成。这就是父亲司马谈留给他的遗训：必

---

[1]《全汉文》，引自成晓军主编：《帝王将相家训》，重庆出版社，2008年6月出版，第1页。

[2] 同上书，第2页。

[3]《汉书·司马迁传》。

须完成《太史公书》。

　　在《史记·太史公自序》中，司马迁记录了他在父亲病榻前接受遗训的过程：

　　太史公（司马谈）执迁（司马迁）手而泣曰："余先周室之太史也。自上世尝显功名于虞夏，典天官事。后世中衰，绝于予乎？汝复为太史，则续吾祖矣。今天子接千岁之统，封泰山，而余不得从行，是命也夫，命也夫！余死，汝必为太史；为太史，无忘吾所欲论著矣。且夫孝始于事亲，中于事君，终于立身。扬名于后世，以显父母，此孝之大者。夫天下称诵周公，言其能论歌文武之德，宣周邵之风，达太王王季之思虑，爰及公刘，以尊后稷也。幽厉之后，王道缺，礼乐衰，孔子修旧起废，论《诗》《书》，作

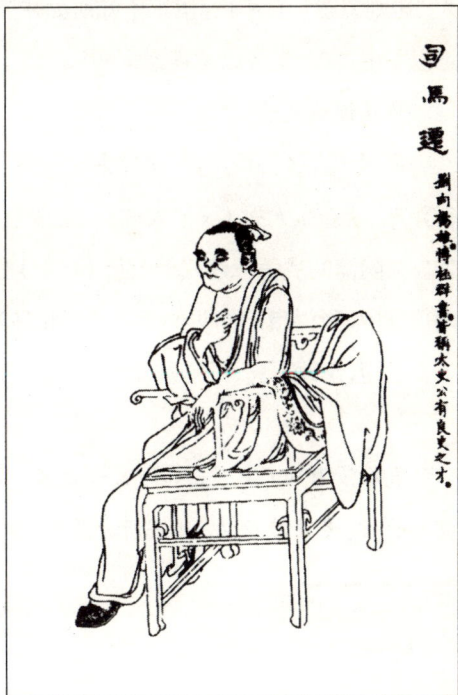

* 司马迁

《春秋》，则学者至今则之。自获麟以来四百有余岁，而诸侯相兼，史记放绝。今汉兴，海内一统，明主贤君忠臣死义之士，余为太史而弗论载，废天下之史文，余甚惧焉，汝其念哉！"迁俯首流涕曰："小子不敏，请悉论先人所次旧闻，不敢阙。"

父亲司马谈临死前的遗训，对司马迁的日后生活产生了巨大影响。他谨遵父训，"网罗天下放失旧闻，考其行事，稽其成败兴坏之理，凡百三十篇，亦欲以究天人之际，通古今之变，成一家之言。"[①] 终于完成了《史记》这部伟大的历史著作。就在《史记》"草创未就"时，横遭李陵之祸，因为心中一直牢记父亲遗训，"是以就极刑而无愠色"[②]，以无比的毅力坚持活下来，完成《史记》写作。当父亲的遗命完成以后，司马迁即进入"居则忽忽若有所亡，出则不知所如往"[③] 的生命恍惚状态。从这件事可以看出，古人是多么重视家训啊！

马援训诫兄子

马援（前14—49）字子渊，东汉初扶风茂陵（今陕西兴平东北）人。新莽末，为新城大尹（汉中太守）。后依附割据陇西的隗嚣，继归刘秀，参加攻灭隗嚣的战争。建武十七年（41年）任伏波将军，封新息侯。一次在南征途中，听说自己的两个侄儿马严和马敦与一些轻狂任侠的子弟交往，议人长短，论政得失，颇不以为然，于是写了一封信予以训诫：

吾欲汝曹闻人过失，如闻父母之名，耳可得闻，口不可得言也。好论议人长短，妄是非正法，此吾所大恶也，宁死不愿闻子孙有此行也。汝曹

---

① 《汉书·司马迁传》。
② 同上书。
③ 同上书。

馬 文 淵 像

知吾恶之甚矣，所以复言者，施衿结缡，申父母之戒，欲使汝曹不忘之耳。
龙伯高敦厚周慎，口无择言，谦约节俭，廉公有威，吾爱之重之，愿汝曹效
之。杜季良豪侠好义，忧人之忧，乐人之乐，清浊无所失，父丧致客，数郡
毕至，吾爱之重之，不愿汝曹效也。效伯高不得，犹为谨敕之士，所谓刻鹄
不成尚类鹜者也。效季良不得，陷为天下轻薄子，所谓画虎不成反类狗者
也。讫今季良尚未可知，郡将下车辄切齿，州郡以为言，吾常为寒心，是以
不愿子孙效也。①

　　马援是一员武将，但这封家书却写得言简意赅，文采斐然。通篇训诫
两个侄子如何交友，如何做人。他特别提出，有的人如杜季良，虽"爱之
重之"，但不希望侄子们向他学习。并留下了"画虎不成反类狗"的名句。
马援的这封信，世称《诫兄子严、敦书》，成为古代家训的精品。

---

① 《后汉书·马援传》。

＊ 诸葛亮（181—234），字孔明，琅琊阳都（今山东沂南南）人。三国蜀汉大臣，政治家，军事家。初隐居邓县隆中，后为刘备礼聘作军师，佐刘备创蜀汉大业任丞相。刘禅即位，封武乡侯，领益州牧。谥忠武侯。画像藏台北故宫博物院。

诸葛亮《诫子书》

这也是中国古代家训名篇。其文曰：

> 夫君子之行，静以修身，俭以养德，非澹泊无以明志，非宁静无以至远。夫学须静也，才须学也，非学无以广才，非志无以成学。淫慢则不能励精，险躁则不能冶性。年与时驰，意与日去，遂成枯落，多不接世，悲守穷庐，将复何及。①

这是诸葛亮写给儿子诸葛瞻的，通篇强调学习的重要性，这种学习，不仅指知识的学习，更包括道德修养的学习，所以他说"君子之行，静以修身，俭以养德"。同时，诸葛亮向儿子强调，学习须要有志向、毅力，"非志无以成学"，没有志向和毅力，就不能学成。他还向儿子提出"年与时驰，

---

① 《太平御览》卷四百五十九。

意与日去"，要抓紧时间，不然"悲守穷庐，将复何及"。诸葛亮的《诫子书》，对后世影响很大，"非淡泊无以明志，非宁静无以致远"这一名句，不但成为后人提高自身修养的座右铭，也成为后世家训的重要内容。

刘备训阿斗

刘备临终前，将阿斗刘禅叫到病榻前当着诸葛亮面，说：

朕初疾但下痢耳，后转杂他病，殆不自济。人五十不称夭，年已六十有余，何所复恨，不复自伤，但以卿兄弟为念。射君到，说丞相叹卿智量，甚大增修，过于所望，审能如此，吾复何忧！勉之，勉之！勿以恶小而为之，勿以善小而不为。惟贤惟德，能服于人。汝父德薄，勿效之。可读《汉书》《礼记》，闲暇历观诸子及《六韬》《商君书》，益人意智。闻丞相为《申》《韩》《管子》《六韬》一通已毕，未送，道亡，可自更求闻达。

* 刘备（161—223），即蜀汉昭烈帝，字玄德，涿郡涿县（今属河北）人。汉中山靖王刘胜后裔。三国时蜀汉建立者。221—223年在位。谥昭烈，亦称先主。画像唐阎立本绘《历代帝王图卷》，藏美国波士顿博物馆。

刘备的这一遗诏，见《三国志·先主传》注引《诸葛亮集》。在遗诏中，刘备分别从道德和学习两个方面对儿子刘禅提出训诫。在道德方面，刘备提出"惟贤惟德，能服于人"，因此要刘禅"勿以恶小而为之，勿以善小而不为"。在学习方面，刘备给儿子指定了要读的书目。在《三国志·先主传》中，记有刘备"不甚乐读书，喜狗马、音乐，美衣服"，但长期的战争生涯和带兵治国，使他深刻认识到读书"益人意智"的重要性。在这一点上，刘备和他的祖上西汉开国君主刘邦何其相似乃尔。

嵇康《家诫》

嵇康（224—263）字叔夜，谯国铚（今安徽宿县）人，是魏晋时期著名的思想家、文学家、音乐家，"竹林七贤"之一。有《嵇中散集》传世。他的《家诫》写道：

人无志，非人也。但君子用心，有所准行，当量其善者，拟议而后动。

* 嵇康，竹林七贤之一，与阮籍齐名。官中散大夫，世称嵇中散。博学，好庄、老导气养性之术。工诗文，善鼓琴。砖画像南京西善桥南朝墓《竹林七贤砖画》，藏南京博物院。

若志之所之，则口与心誓，守死无贰，耻躬不逮，期于必济。若心疲体解，或牵于外物，或累于内欲，不堪近患，不忍小情，则议于去就。议于去就，则二心交争。二心交争，则向所以见役之情胜矣。或有中道而废，或有不成一匮而败之。以之守则不固，以之攻则怯弱，与之誓则多违，与之谋则善泄。临乐则肆情，处逸则极意。故虽繁华熠熠，无结秀之勋；终年之勤，无一旦之功。斯君子所以叹息也。①

这是节选嵇康《家诫》一段文字。在这一段文字中，嵇康首先讲人要立志，接着讲到既然立了志，就应该"守死无贰，耻躬不逮，期于必济"，就是说为了实现自己的志向，不能有"贰心"，不能背叛自己的誓言，以不实现自己的志向而感到羞耻。

王祥家训

王祥（185—269），西晋琅玡临沂（今山东临沂）人，早年丧母，继母朱氏不慈，倍施虐待，甚至几次想害死他。王祥从无怨言，只是尽心孝顺，又与异母弟王览相亲相爱。后母喜欢吃鱼，命王祥捕捉。"时天寒冰冻，祥解衣将剖冰求之，冰忽自解，双鲤跃出，持之而归。"② 这件事后来就被渲染演化为卧病求鲤的故事。不管以后有多少夸大添加的部分，王祥在冬天为后母捉鲤鱼的基本事实没变，体现出王祥真诚孝敬后母，和异母弟王览和睦相处的美德。

父亲、继母逝世以后，王祥仕于魏晋之际，一直做到三公的高官。他和兄弟王览不但自身践行孝道，对孩子、后世，也同样以伦理提出要求。在王祥八十五岁逝世时，给子孙留下遗训：

---

① 引自李楠编著：《传世家训家书宝典》，西苑出版社，2006年2月出版，第32页。
② 《晋书·王祥传》。

夫言行可覆，信之至也；推美引过，德之至也；扬名显亲，孝之至也；兄弟怡怡，宗族欣欣，悌之至也；临财莫过乎让：此五者，立身之本。[①]

在这段话的前面，王祥嘱咐子孙对他进行薄葬。然后提到子孙应该遵守的"立身之本"，即如何做到"信"、"德"、"孝"、"悌"、"让"五德。对于王祥的遗训，《晋书》说"其子皆奉而行之"。琅玡王氏后来人才辈出，和王祥的身教和遗训是分不开的。

陶潜家训

陶潜（约365—427），又名渊明，字元亮，东晋浔阳柴桑（今江西九江）人。曾为彭泽令，因"不能为五斗米折腰向乡里小人"，解印去职，归隐田园。在他晚年，给自己的儿子俨、俟、份、佚、佟写了信，"以言其志，并为训戒"。信中说：

然虽不同生，当思四海皆弟兄之义。鲍叔、敬仲，分财无猜，归生、伍举，班荆道旧，遂能以败为成，因丧立功，他人尚尔，况共父之人哉。颍川韩元长，汉末名士，身处卿佐，八十而终，兄弟同居，至于没齿。济北氾稚春，晋时操行人也，七世同财，家人无怨色。诗云："高山仰止，景行行止。"汝其慎哉！吾复何言。[②]

陶渊明家庭一直不富裕，在这封信的前面，陶渊明向孩子们讲到了家庭生计的窘迫，因此，他希望五个儿子要向古人学习，兄弟同居，相互帮助扶携，共渡家庭生活难关。信中话语直率，又充满父亲对子女的关切之

---

① 《晋书·王祥传》。
② 《宋书·陶潜列传》。

情，对儿子之间的团结友爱充满着期待。

中国家训文化的成熟时期

隋唐五代，是中国家训文化的成熟时期，其标志就是出现了中国第一部专门的、成本的、完整的家训著作《颜氏家训》，并对后世家训文化产生了极大影响。

颜之推的《颜氏家训》

颜之推（531—约595），字介，琅玡临沂（今山东临沂）人。南北朝后期、隋初的一位著名学者。他博览群书，善文辞。先仕梁，后投北齐，齐亡入周。隋开皇中，被太子召为学士，以疾终。

《颜氏家训》体制庞大，共有七卷，分为序致、教子、兄弟、后娶、治家、风操、慕贤、勉学、文章、名实、涉务、省事、止足、诫兵、养生、归心、书证、音辞、杂艺、终制二十类。主要是以儒家传统思想教育子弟。此书虽为"家

颜氏家训卷上

北齐 颜之推 撰

序致篇第一

夫圣贤之书，教人诚孝，慎言检迹，立身扬名，亦已备矣。魏晋已来，所著诸子，理重事复，递相模斅，犹屋下架屋，床上施床耳。吾今所以复为此者，非敢轨物范世也，业以整齐门内，提撕子孙。夫同言而信，信其所亲；同命而行，行其所服。禁童子之暴谑，则师友之诫，不如傅婢之指挥；止凡人之斗阋，则尧舜之道，不如寡妻之诲谕。吾望此书为汝曹之所信，犹贤于傅婢寡妻耳。吾家风教，素为整密，昔在龆龀，便蒙诱诲；每从两兄，晓夕温清，规行矩步，安辞定色，锵锵翼翼，若朝严君焉。赐以优言，问所好尚，励短引长，莫不恳笃。年始九岁，便丁荼蓼，家途离散，百口索然。

* 《颜氏家训》

* 颜之推，文学家。初仕梁元帝为散骑侍郎，至北齐官平原太守，入周为御史上士，隋开皇中为学士。工诗赋，尤善为文。石刻画像清罗聘绘《说文统系第一图》，拓片藏苏州大学图书馆。

训"，但由于作者学识渊博，阅历深广，深知南北二朝政治、俗尚的弊病，洞悉南学北学的短长，因此，书中涉及范围相当广泛。是我国古代家训文化的经典，被古人推为家训之祖。从家训角度，此书涉及治家原则、治家方法、家庭关系处理、子弟学习、家庭道德、处世、养生诸多方面。如在《教子篇》中说：

齐国有一士大夫，尝谓吾曰："我有一儿，年已十七，颇晓书疏，教其鲜卑语及弹琵琶，稍欲通解，以此伏事公卿，无不宠爱，亦要事也。"吾时俯而不答。异哉，此人之教子也！若由此业，自致卿相，亦不愿汝曹为之。①

在这里，颜之推批评了齐国一士大夫教子不走正道，同时明确提出，不希望自己的孩子用这样的手段得到荣华富贵，读来发人深省。

又比如在《治家篇》中，作者说：

夫风化者，自上而行于下者也，自先而施于后者也，是以父不慈则子不孝，兄不友则弟不恭，夫不义则妇不顺矣。父慈而子逆，兄友而弟傲，夫义而妇陵，则天之凶民，乃刑戮之所摄，非训导之所移也。②

在这里，作者强调了家风引导的重要性，讲了在家庭中长者、尊者的表率作用的重要性。同时，作者还提出，家庭教育和影响不能代替社会法制，对于家庭中出现的"凶民"，单靠家庭教化是不够的，还要依靠刑罚和杀戮去威慑他们。这无疑是很有见地的。

---

① 王利器：《颜氏家训集释》，上海古籍出版社，1980年7月出版，第36页。
② 同上书，第53页。

親賜帝範

* 唐太宗作《帝范》赐太子

掩户自挝

* 整肃家风

李世民的《帝范》

李世民（599—649），即唐太宗，在位23年。年号贞观。在位期间，励精图治，虚心纳谏，举贤任能，致政治清明、经济发展、文化繁荣，史称"贞观之治"。

《帝范》为唐太宗晚年所撰，是为了告诫太子，即后来继位的唐高宗。全书12篇，分为君体、建亲、求贤、审官、纳谏、去谗、诫盈、崇俭、赏罚、务农、阅武和崇文。

李勣家训

李勣（594—669），本姓徐，名世勣，字懋功。唐曹州离狐（今山东境内）人。早年参加隋末瓦岗寨起义军。后降唐，赐姓李。屡次立大功，任尚书左仆射（宰相）。卒赠大尉，谥号"贞武"。

李勣病危时，命奏乐宴饮，列子孙于庭下。宴饮快结束时，对其弟李弼留下遗言：

我即死，欲有言，恐悲哭不得尽，故一诀耳！我见房玄龄、杜如晦、高季辅皆辛苦立门户，亦望诒后，悉为不肖子败之。我子孙今以付汝，汝可慎察，有不厉言行、交非类者，急榜杀以闻，毋令后人笑吾，犹吾笑房、杜也。[①]

李勣位极人臣，但临死之前，对子孙们将来忧虑在心。房玄龄、杜如晦都为同朝名臣，李勣亲眼看到他们辛辛苦苦立下的门户，被不肖儿孙败掉。因此，他希望弟弟在自己死后，能担当起教育管理子侄的责任，防止他们有不厉言行、交非类，像房、杜后人那样败坏门风。

姚崇家训

姚崇（650—721），字元之。陕州硖石（今河南陕县东南）人。唐玄

[①] 《新唐书·李勣列传》。

宗时为相,曾向玄宗奏请诸十事,修明制度,整顿吏治,被誉为"救时之相"。后荐宋璟自代,成"开元之治",亦为一代名相,史称"姚、宋"。在他的晚年,留下家训:

古人云:富贵者,人之怨也。贵则神忌其满,人恶其上;富则鬼瞰其室,虏利其财。自开辟已来,书籍所载,德薄任重,而能寿考无咎者,未之有也。故范蠡、疏广之辈,知止足之分,前史多之。况吾才不逮古人,而久窃荣宠。位逾高而益惧,恩弥厚而增忧。……比见诸达官身亡以后,子孙既失覆荫,多至贫寒。斗尺之间,参商是竞,岂唯自玷,仍更辱先。无论曲直,俱受嗤毁。……昔孔子至圣,母墓毁而不修;梁鸿至贤,父亡席卷而葬。昔杨震、赵咨、卢植、张奂,皆当代英达,通识今古,咸有遗言,属令薄葬。或濯衣时服,或单帛幅巾。知真魂去身,贵于速朽。子孙皆遂成命,迄今以为美谈。凡厚葬之家,例非明哲。或溺于流俗,不察幽明。咸以奢厚为忠孝,以俭薄为悭惜,至今亡者致戮尸暴骸之酷,存者陷不忠不孝之诮。可为痛哉!可为痛哉!死者无知,自同粪土,何烦厚葬,使伤素业?若也有知,神不在柩,复何用违君父之令,破衣食之资。吾身亡后,可殓以常服,四时之衣,各一副而已。吾性甚不爱冠衣,必不得将入棺墓,紫衣玉带,足便于身,念尔等勿复违之。且神道恶奢,冥途尚质,若违吾处分,使吾受戮于地下,于汝心安乎?念而思之。

这封遗书,是要子孙在自己死后,进行薄葬。看起来讲的是如何办丧事,实际上是告诫子孙俭朴持家的重要性。作为一朝宰相,位高权重,但他深知"富贵者,人之怨"的道理,因此,他要子孙懂得"知止足之分"。他又说,许多达官贵人死后,其子孙"多至贫寒",这样不仅自玷,而且辱没了祖先。他在列举了前贤死后薄葬,"迄今以为美谈"以后,提出"凡厚葬之家，例非明哲”，反对社会上那种“以奢厚为忠孝，以俭薄为悭惜”的错误观点与做法。从丧葬折价具体的事情上，可以看出姚崇为子孙考虑将来的远见。

中国家训文化的繁荣时期

宋元明清是我国古代家训繁荣时期。其表现为：

一是家训的数量繁多。由宋慈抱原著，项士元审定的《两浙著述考》，仅著录宋至清的两浙地区的家训著作，就达39种，[①] 上海图书馆编的《中国丛书综录》，收录宋元明清时期的家训专著达110种。除此以外，还有大量的家训未被收录其中。从宋开始，家谱盛行，在家谱中，记下了许多家族的家训祠规，这可以说是汗牛充栋。

二是出现了家训集结的著作。这说明已经有了专门研究和阅读家训的学者。关于这一时期家训集结最有名的，就是司马光的《家范》。司马光（1019—1086），字君实，陕州夏县（今属山西）人。北宋著名史学家。以19年之力编成《资治通鉴》，成为历代帝王治国必读之书。《家范》共有10卷20篇。《四库全书》提要说：

《家范》十卷，宋司马光撰。光所著《温公易说》诸书已别著录，是书见于《宋史·艺文志》、《文献通考》者，卷目俱与此相合，盖犹当时原本。自颜之据作《家训》以教子弟，其议论甚正，而词旨泛滥，不能尽本诸经训。至狄仁杰著有《家范》一卷，史志虽载期而书已不传。光因取狄仁杰旧名别加甄辑，以示后学准绳。首载《周易》家人卦辞、《大学》、《孝经》、《尧典》、《诗》思齐篇语，则即其全书之序也。其后自《治家》至《乳母》

---

① 见徐梓：《家范志》，上海人民出版社，1998年10月出版，第131页。

司馬文正

光居洛十五年。天下以為真宰相。田夫野老皆號為司馬相公。婦人孺子亦知其為司馬君實也。絲轵自登州遠綠道人相聚號呼曰寄謝司馬相公毋去朝廷厚自愛以活我光自所至百姓遮道聚觀馬至不得行俗嘗自言吾無過人震但平生未嘗有一事不可對人言者

凡十九篇，皆杂採史传事可为法则者，亦间有光所论说，与朱子《小学义例》差异而用意略同。其节目备具，切于日用，简而不烦，实足为儒者治行之要。朱子尝论《周礼·师氏》云至德以为道本。明道先生以之，敏德以为行本。司马温公以之，观于是编。其型方训俗之规，尤可以概见矣。①

这段提要既告诉了我们《家范》的体例和内容，同时，也作出了评价。

---

① 上海古籍出版社：诸子百家丛书《家范》，1992年1月出版。

宴客従倹

* 司马光宴客从俭

欽定四庫全書總目

袁氏世範三卷 永樂大典本

宋袁采撰采衢州府志采字君載信安人登進士第
三宰劇邑以廉明剛直稱仕至監登聞鼓院陳振孫
書錄解題稱采嘗宰樂清修縣志十卷王圻續文獻
通考又稱其令政和時著有政和雜志縣令小錄今
皆不傳是編卽其在樂清時所作分睦親處己治家
三門題曰訓俗府判劉鎮爲之序始更名世範其書
於立身處世之道反覆詳盡所以砥礪末俗者極爲
篤摯雖家塾訓蒙之書意求通俗詞句不免於鄙淺

廣仁堂

这种评价是切合实际的。《家范》问世后,对后世产生了很大影响。南宋朱熹,就《家范》影响,"尝欲因司马氏之书,参考诸家,裁订增损,举纲张目,以附其后",只是由于他体弱多病,才没有能够了此心愿。南宋初年宰相赵鼎,在所著《家训笔录》的第一项就规定:"前人遗训,子孙自有一书,并司马温公《家范》,可各录一本,时时一览,是以为法,不待吾一一言之。"以此可见《家范》的影响之大。

三是出现了用格言写成的家训。其中最为著名的就是《朱伯庐治家格言》。朱伯庐(1627—1698),名用纯,字致一,自号伯庐,清初江南昆山(今江苏昆山)人。他所撰《治家格言》,世称《朱子家训》,篇幅不长,但流传甚广,影响很大。全文为:

黎明即起,洒扫庭除,要内外整洁;既昏便息,关锁门户,必亲自检点。

* 慈母教子

* 教子早立志

一粥一饭，当思来处不易；半丝半缕，恒念物力维艰。

宜未雨而绸缪，毋临渴而掘井。

自奉必须俭约，宴客切勿留连。

器具质而洁，瓦缶胜金玉；饮食约而精，园蔬逾珍馐。

勿营华屋，勿谋良田。

三姑六婆，实淫盗之媒；婢美妾娇，非闺房之福。

奴仆勿用俊美，妻妾切忌艳妆。

祖宗虽远，祭祀不可不诚；子孙虽愚，经书不可不读。

居身务期质朴，教子要有义方。

勿贪意外之财，勿饮过量之酒。

与肩挑贸易，勿占便宜；见贫苦亲邻，须多温恤。

*《朱子治家格言》

35

刻薄成家,理无久享;伦常乖舛,立见消亡。

兄弟叔侄,须多分润寡;长幼内外,宜法属辞严。

听妇言,乖骨肉,岂是丈夫;重资财,薄父母,不成人子。

嫁女择佳婿,毋索重聘;娶媳求淑女,毋计厚奁。

见富贵而生谗容者最可耻;遇贫穷而作骄态者贱莫甚。

居家戒争讼,讼则终凶;处世戒多言,言多必失。

毋恃势力而凌逼孤寡,勿贪口腹而恣杀生禽。

乖僻自是,悔误必多;颓惰自甘,家道难成。

狎昵恶少,久必受其累;屈志老成,急则可相依。

轻听发言,安知非人之谮诉,当忍耐三思;因事相争,安知非我之不是,须平心遭暗想。

施惠勿念,受恩莫忘。

凡事当留余地,得意不宜再往。

人有喜庆,不可生妒忌心;人有祸患,不可生喜幸心。

善欲人见,不是真善;恶恐人知,便是大恶。

见色而起淫心,报在妻女;匿怨而用暗箭,祸延子孙。

家门和顺,虽饔飧不继,亦有余欢;国课早完,即囊橐无余,自得至乐。

读书志在圣贤,为官心存君国。

守分安命,顺时听天。为人若此,庶乎近焉。

《治家格言》所讲的道理,极具针对性。其中讲到的勤俭持家、家庭礼仪、家庭关系处理、嫁女娶媳、正确对待商贩、子女教育、谨慎交友,施惠和受恩等等,都能够引起共鸣。加之通篇用形式正气的格言写成,语意浅显,读来朗朗上口,因此,很容易被人所接受。可以说《治家格言》是中国古代流传最广、影响最大的家训著作。曾为之作释义的戴翎清说:"伯庐先

集诚书屏

* 集诚书屏

生《治家格言》,久传海内,妇孺皆知,固与'六经'、'四书'并垂不朽。"①
这一评价是恰如其分的。正因为这篇家训影响太大了,很多人都将家训
的著作权误按南宋大儒朱熹身上,好像不如此不能体现这部家训的价值。

四是出现了专门的帝王家训《庭训格言》。这是清雍正皇帝追忆其
父康熙皇帝的训诫,于雍正八年(1730)"亲录编成"。在《庭训格言》之
前,帝王家训不是没有,但要么是口头嘱言,要么是单篇或散见于其他著
谕之中。而《庭训格言》则是直接标明"庭训",全书1卷,凡246则,每则
之首都有"训曰"字样,这是以往的帝王家训所不见的。如:

> 仁者无不爱。凡爱人爱物,皆爱也。故其所感甚深,所及甚广。在
> 上则人咸戴焉;在下则人咸亲焉。已逸,则必念人之劳;已安,而必思
> 人之苦。万物一体,痌(tōng:痛)瘝(guān:病)切身,斯为德之盛,
> 仁之至。

这是强调仁人君子要爱人爱物,如此,当自己居于统治地位时,就会得到
众人爱戴;处于普通人的地位时,人们也都愿意与之亲近。又提出,作为
统治者,自己安逸之时,要"念人之劳"、"思人之苦"。作为帝王家训,这
是很难得的。再如:

> 世人皆好逸而恶劳,朕心则所谓人恒劳而知逸。若安于逸则不惟不
> 知逸,而遇劳即不能堪矣。故《易》云:"天行健,君子以自强不息。"由是
> 观之,圣人以劳为福,以逸为祸也。

---

① 《治家格言释义》卷首,转引自徐梓《家范志》,上海人民出版社,1998年10月出
版,第235页。

这一则是讲了劳逸之间的辩证关系,"人恒劳而知逸",即一个人只有经常劳苦才能体会到真正的安逸。这是极有见地的提法。康熙要求子孙懂得"以劳为福,以逸为祸",永久要勉励自强。

宋元明清家训文化繁荣的最高代表,是曾国藩的家训。

曾国藩的家训,主要体现在他给父亲、弟弟和子女的家信上。家信内容广泛,从国家朝廷军政大事到个人读书修身,以及家庭生计、人际关系,都广有涉及。如总结起来,着墨最多的,还是子女的读书、做人和治家三个方面,如咸丰六年(1856)十月初二给儿子曾纪泽的信:

> 尔今年十八岁,齿已渐长,而学业未见其益。陈岱云姻伯之子号杏生者,今年入学,学院批其诗冠通场。渠系戊戌二月所生,比尔仅长一岁,以其无父无母,家渐清贫,遂尔勤苦好学,少年成名。尔幸托祖父余荫,衣食丰适,宽然无虑,遂尔酣豢佚乐,不复以读书立身为事。古人云劳则善心生,逸则淫心生;孟子云生于忧患,死于安乐。吾虑尔之过于佚也……余在军中不废学问,读书写字未甚间断,惜年老眼蒙,无甚长进。尔今未弱冠,一刻千金,切不可浪掷光阴。

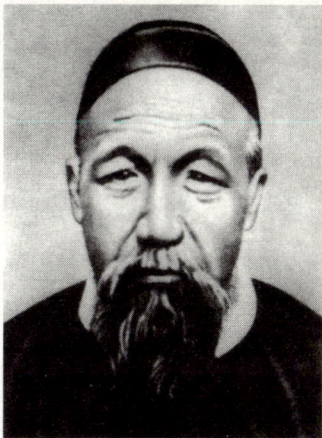

* 曾国藩 (1811—1872),初名子城,字伯涵,号涤生,湘乡 (今属湖南) 人。清大臣、文学家、洋务派首领。道光十八年 (1838) 进士,官至直隶总督。以镇压太平军得朝廷重用。治学注重礼制经世。诗文兼工。

曾纪泽（1839—1890）是曾国藩长子，是清末著名外交官，也是曾国藩子女中最有成就的。从曾国藩这封家书中可以看到，曾纪泽以后取得成就不是偶然的，和曾国藩的训导是分不开的。从节录的曾国藩这封信中可以看出，曾国藩对儿子的教育是很严格的。当他发现18岁的曾纪泽学业没有太多进步时，就及时写信提醒和教育儿子不要虚掷光阴，对生活在优越环境中的儿子表示了担心，以孟子"生于忧患，死于安乐"来告诫儿子，并以自己在军中"不废学问"来激励儿子。

中国家训文化的衰落与蜕变

1911年辛亥革命，推翻了清王朝，中国社会进入了民国时期。这一时期，中国的社会发生了很大变化，家训文化，也逐渐走向衰落并出现蜕变。民国时期家训文化的衰落，其标志：一是家训的数量呈下降趋势；二是家训在社会上的流传不广，影响不大。而民国时期家训文化的蜕变，主要是指家训文化从形式到内容都发生了变化。

中国家训文化之所以从民国以降会出现衰落和蜕变，原因主要有：

一是家庭结构、家庭规模和家庭观念发生了变化。封建大家庭聚族而居，四世同堂是家训文化产生的基础。从1840年鸦片战争爆发，到1843年"五口"正式通商以后，西方思想不断侵入中国，中国传统文化受到西方文化的侵蚀，"家庭革命"日益深入人心，"家长制"受到批判与反对。在"家庭革命"的推动下，旧的家庭伦理观念和父权制家庭受到一定的冲击，民主、革命的新型家庭关系开始萌芽。家庭规模也逐渐变小，大家庭开始解体，家族制度趋于瓦解。

二是在新思想、新道德的冲击下，学校公共教育的兴起、发展，逐渐取代了自古代以来代代相传的家庭教育、族学、义塾，这样，中国传统家训赖以存在的基础产生了动摇，家训文化的衰落也是不可避免的。

3. 中国家训文化的功能

家训最早的出现，是父母通过对子女的当面训诫来体现的，后来，又通过书面的信件、训词和遗嘱来对子女和家庭成员提出家庭生活和为人处世的种种要求。再后来，就是通过制定完整的家规、家约、家范对家族全体人员提出要求。形成了家庭内部所有成员的行为准则。从而体现出家训的基本功能：

一是家庭的自我控制。

任何一个家庭，都不是孤立的。它作为社会的细胞，社会的基本单位，它必须要接受外在控制，即社会控制。这种社会控制包括法律控制、行政控制以及道德控制和习俗控制。同时，为了维护家庭内部的稳定，调整和处理好家庭内部关系，将子女培养成人，使家庭得以承继和绵延，还必须要有家庭的内在控制，即家庭的自我控制。这种自我控制，通过家训，包括家规、家约、家范等口头的、书面的各种形式来体现，从而达到对子女、对全体家庭成员的教育、引导、约束作用。

战国时期齐国丞相田稷子身居高位，许多人都设法走他的门路。有一次，一位下属给他黄金百镒，田稷子便收下了，并拿回家孝敬母亲。母亲追问黄金来历，田稷子不敢隐瞒，将经过告诉了母亲。母亲大怒，对儿子说："吾闻士修身洁己，不为苟得。竭情尽实，不行诈行。非义之念，不萌于心。非礼之利，不入于家。故言行若一，而情貌相副。"[①] 她明确告诉田稷子：这些不义之财，我是不能收用的；这样不孝的儿子，我也是不能要的。田稷子听了母亲的训责后，羞愧满面，决心改正错误。他把贿金全部退回，又亲自到齐王那里请求给自己处罚。齐宣王知道事情全部过

---

① 引自成晓军主编：《慈母家训》，重庆出版社，2008年6月出版，第10页。

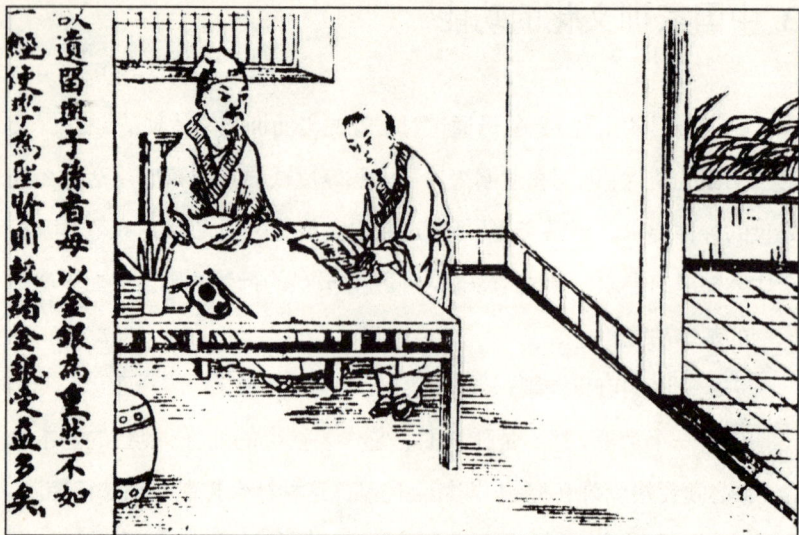

以遺圖與子孫者，每以金銀為重，然不如
經便教子為聖賢，則較諸金銀受益多矣。

* 教子读经

* 慈母教子

程后,对田稷子的母亲大为赞赏,并决定赦免田稷子的受贿罪。田稷子在母亲的教诲下,成为一名很不错的大臣。

二是确立良好的家风。

家风是指一个家庭的传统风习,是人们在长期的家庭生活中逐渐形成和世代延传下来的生活作风、生活习惯、生活样式的总和。家风的形成,是家庭长辈和主要成员潜移默化的影响和教诲的结果,而其中"家训"和"家风"有着密切的联系。

西汉武帝时大臣张汤,出身一般,但从张汤起,七代显贵,一直绵延到东汉时期。而与张汤同时代的那些封侯拜爵者,甚至那些比张汤资格要老得多,追随汉高祖刘邦打天下的开国功臣权贵们,其家族往往经过几代就衰败了。正如《汉书》的作者班固说的:"汉兴以来,侯者百数,保国持宠,未有若富平者也!"①富平是指张汤的儿子富平侯张安世,为汉武帝、昭帝、宣帝三朝重臣。为什么张汤家族能富贵绵延,其他一些家族却不能保长富之安,这与张汤的家风是大有关系的。张汤位居三公,可以说官高爵显,死时"家产直不过五百金,皆所得奉赐,无它赢(徐)"。家里原本打算厚葬张汤,张汤的母亲反对,结果仅"载以牛车,有棺而无椁",以薄礼葬之。汉武帝知道以后,感叹道:"非此母不生此子。"对张汤的家教母训作了充分肯定。

张安世继承了张家门风,以才能深得皇帝的信任,被"尊为公侯,食邑万户",但他却身穿粗绨作的衣服,妇人亲自纺绩。像父亲张汤那样节俭自奉。对于父子尊显,不是志得意满,而是"怀不自安",他曾向皇帝推荐官员受到重用,这个人怀感恩之情欲来面谢,张安世"以为举贤达能,岂有私谢邪?绝勿复为通",坚决不结私党,不受谢礼。张安世的曾孙张临娶汉元帝妹妹敬尚公主为妻,但为人谦俭,常以桑弘羊、霍禹家族骄奢致

---

① 《汉书·张汤传》。

* 勤学图

＊闺房教子

祸为戒。在将死之时，将财产分给宗族故旧，嘱行薄葬。班固讲到张汤家族世代兴旺，说张汤"推贤扬善，固宜有后"，而其子"安世履道，满而不溢"。[①] "推贤扬善"、"满而不溢"，可以说是班固对张汤、张安世家族门风的一个总结。

和张汤家族门风相媲美的还有东汉名臣杨震家族。杨震为官廉明清止，家教严明。身为大官，他的一些朋友劝他应该为子孙置些产业，杨震回答说："使后世称为清白吏子孙，以此遗之，不亦厚乎！"[②] 就是说他要留给后代子孙的最大遗产就是让后世的人都称赞他的孩子为清白吏子孙。杨震这句话并不是一句信口而说的大话，而正是他对自己和对子女

---

① 《汉书·张汤传》。

② 《后汉书·杨震传》。

45

＊课子教女

要求严格的写照。事实上，他平时为官，是以"清白吏"律己，曾严正拒绝他所推荐的人夜间来访重金谢礼，史称杨震"性公廉，不受私谒"。居家，则是以"清白吏子孙"诫子。在他的家风影响下，子孙常蔬食步行。杨震的门风家教，对后代产生重要影响，儿子杨秉，"少传父业"，40岁担任地方官，"自为刺史，二千石（太守），计日受奉，余禄不入私门"。甚至有一次当"故吏赍钱百万遗之"，他都"闭门不受"，清廉之风直追其父，因此，《后汉书》作者范晔说他"以廉洁称"。杨震重孙杨奇，敢于批评汉灵帝，汉灵帝尽管听了很恼火，但还是无可奈何地说："卿强项，真杨震子孙。"汉灵帝的这句话，从反面证实了杨震子孙无愧于"清白吏子孙"这个称号，也可以看出杨震门风对子孙的影响。①

在近现代，江浙地区的钱姓家族以及曾国藩、左宗棠、梁启超、黄炎培等家族人才辈出，如星汉灿烂，都是和良好的家风分不开的。

①　见《后汉书·杨震传》。

第二章

上海古代名人家训

在今天上海的地域范围内，1840年以前，曾涌现出许许多多的历史文化名人。这些名人，有政治家、文学家、科学家、艺术家等。从一个名人成长的轨迹来看，是离不开良好的家庭教育的，总是受到家训和家风的熏陶和影响。但就目前我们所能见到的记载，能留下家训文字和家训的故事并不多。现就我们所能看到的史料和有关记载，按时间顺序予以介绍。

1. 陆逊家训

陆逊（183—245），三国吴国名将。字伯言，吴郡吴县华亭（今上海松江）人。出身江南士族，孙策女婿。善谋略，曾与吕蒙定袭取关羽之计。建安二十四年（219）十一月，陆逊攻打占据荆州的蜀将关羽有功，"领宜都太守，拜抚远将军，封华亭侯"[①]。黄武元年（222），刘备攻吴，他任大都督，坚守七八月不战，直待刘备军队疲惫，利用顺风放火，取得彝陵之战的胜利。黄武七年(228)，又破魏扬州牧曹休于石亭（在今安徽怀宁、桐城间）。后任荆州牧，久镇武昌（今湖北鄂城），官至丞相。

作为上海松江人，陆逊对松江的贡献至少有两个方面：一是因他受封华亭侯而使华亭作为松江的古称始见于史志，其后裔世居华亭，陆抗、陆机、陆云的英名都与华亭相联系，华亭也从陆逊起始为国人关注；二是华亭成为陆逊封地后，当地得到进一步发展，这对以后华亭地区经济、文化的发展起到相当大的作用。

关于陆逊的家训，《三国志·吴书·陆逊传》有这样一段记载：当时，陆逊已位居丞相，有个名叫全琮的大将给陆逊反映了宫中内廷的一些

---

① 《三国志·吴书·陆逊传》。

事,陆逊表示:"子弟苟有才,不忧不用,不宜私出以要荣利;若其不佳,终为取祸。"当时孙权的两个儿子太子孙和与鲁王孙霸之间正明争暗斗,而全琮的儿子全寄,明显地阿附鲁王,针对这一点,陆逊认为,作为大臣之子弟,如果真有才能,不用担心不被重用,不应该通过不正当的途径去邀取荣宠和名利。如果子弟处置不当和表现不佳,终会给自己和家庭带来祸患。陆逊为了维护国家政权的稳定,多次上书孙权,明确表态维护太子正统地位,但遭到孙权不满,屡次派人批评责骂陆逊,陆逊忧丧过度,愤恚去世,终年63岁。死时"家无余财",保持了忠心为国、清白廉正的本色。在他的影响下,儿子陆抗也成为一代名将,东吴柱石之臣。

2. 宋诩与他的家训著作

宋诩,字久夫,明朝松江华亭人(今上海松江人)。生活在明朝中期。宋诩著有《宋氏家要部》《宋氏家仪部》和《宋氏家规部》三种,都是有关家训的著作。《宋氏家要部》三卷,分别由《正家之要》《治家之要》和《理家之要》组成。《正家之要》分立心、立身、奉亲、奉先、君臣、长幼、夫妇、子孙、师徒、朋友、尊卑、宗族、亲戚、故旧、童仆、邻里、明谱系和谨礼仪18条,除立心和立身各有两则之外,其他16条都是一条一则。它讲的是对家族成员个人的道德要求。《治家之要》专讲一家在与外界如朝廷官府、左右邻里、亲戚朋友和社会上其他有关人员打交道时所宜遵守的原则,凡分守国法、慎家教、宜正大、无琐细、毋怠忽、毋纵肆、分内外、防火盗、勤、俭、节妄费、戒贪欲、近有德、杜无籍、绝佛事、禁淫祀、清官府赋役等务、明册籍钱谷等数、须行冠昏丧祭之礼、无失问遗往还之礼、延宾客、待工匠、公取与、明扱施、审权量、一赏罚、出纳、贸易、周穷恤匮、抑强扶弱、礼宜避俗和事宜同俗32条。

《理家之要》则有农、圃、蚕、绩、山池、田荡、饮食、屋宇、井灶、仓库、舟车、器皿、药物、竹木、桑麻、柴薪、谷米、茶、酒、货殖等34条，讲的都是居家治生之事，即如何开辟财源，以保证日常饮食住行之需。

《宋氏家仪部》共有四卷，卷一包括《事亲仪》和《事先仪》；卷二有《居常仪》和《待宾仪》；卷三是《冠仪》《昏仪》《丧仪》和《祭仪》；卷四是《谢贺仪》《献遗仪》《劳钱仪》《问吊仪》《拜揖请见仪》《进退献酢仪》《聚会仪》和《道途仪》。

《宋氏家规部》四卷，卷一包括《正人》《正己》；卷二包括《严祠墓》《谨堂室》；卷三包括《教子孙》《时饮食》《均衣服》三部分；卷四的内容为《整理簿籍》，对如何建造、填写与家庭生活、家居生计有关的簿册作出规定，计有"田产簿"、"田成簿"、"田亩簿"、"家口簿"、"钱谷簿"、"屋宇簿"、"舟车簿"、"长物簿"、"图籍簿"、"布帛簿"、"赋税簿"、"牲畜簿"和"爱遗簿"13种。[1]

宋诩的三种家训，涉及一个封建家族的家庭道德、家庭关系、家庭礼仪、家庭理财、家庭管理、家庭安全的方方面面，具体而又细致，对于我们了解明朝江南地区的社会生活有着极大的帮助，也是古代上海地区家训文化的重要文献。

3. 冯恩家训

冯恩（生卒年不详），字子仁，明松江华亭（今上海松江）人。为嘉靖五年（1526）进士，累官至南京御史。性耿介，不畏权贵，直言无忌，以敢

---

[1] 转引自徐梓：《家范志》，上海人民出版社，1998年10月出版，第217—220页。

谏著称。

据《明史·冯恩传》记载，嘉靖十一年（1531年）冬天，上疏极论大学士张孚敬（即张璁）、方献夫和左都御史汪铉的奸险，谓张孚敬"刚恶凶险，娼嫉反侧"，方献夫"外饰谨厚，内实诈奸"，汪铉"如鬼如蜮，不可方物"，并把三人比作慧星，指出"三慧不去，百官不和，庶政不平，虽欲弭灾，不可得已"。当时这三人正受嘉靖帝宠幸，嘉靖见疏大怒，下诏将冯恩关进锦衣卫大牢。冯恩在狱中尽管受尽酷刑，几至死，但他从无半声哀气。

次年春年，冯恩被移送到刑部关押。在朝审时，汪铉东向坐，令兵卒拽冯恩向西跪。冯恩坚决不从。兵卒呵斥他，冯恩怒叱兵卒，兵卒竟被他一身正气吓退，不知所措。冯恩边骂边列数汪铉的罪行。汪铉恼羞成怒，推倒案桌，欲殴打冯恩。而冯恩毫不畏惧，骂声愈厉。一些暗中同情和敬佩冯恩的朝官，纷纷劝说汪铉息怒，事态方得平息，审讯照例无结果。当冯恩被押回刑部监狱路经长安门时，士民观者如堵，无不感叹地说："是御史，非但口如铁，其膝、其胆、其骨皆铁也。"时人因号冯恩为"四铁御史"。

在冯恩被拘押受审之时，他只有13岁的儿子冯行可伏阙为父讼冤，日夜匍匐长安街。见到有朝廷官员经过，就手攀车舆为父鸣冤求救。到冯恩下狱第三年的冬天，冯行可刺臂写下血书，自缚到皇宫前。在血书中，冯行可说："臣父幼而失怙。祖母吴氏守节教育，底于成立，得为御史。举家受禄，图报无地，私忧过计，陷于大辟。祖母吴年已八十余，忧伤之深，仅余气息。若臣父今日死，祖母吴亦必以今日死。臣父死，臣祖母复死，臣茕然一孤，必不独生。冀陛下哀怜，置臣辟，而赦臣父，苟延母子二人之命。陛下僇臣，不伤臣心。臣被僇，不伤陛下法。谨延颈以俟白刃。"

嘉靖帝见了这个14岁孩子的血书，又见他愿代父去死的决心，不免"恻然"，免去冯恩死刑，改遣戍雷州。而汪铉在两个月以后终遭罢官。

在冯行可的血书中，讲到其父冯恩"幼而失怙。祖母吴氏守节教育，底于成立,得为御史"。这是说冯恩自小失去父亲,全靠母亲将冯恩养育成人,并施以教训。在《明史·冯恩传》一开始,就讲到冯恩"幼孤,家贫,母吴氏亲督教之"。虽然,我们无法知道吴氏如何来督教儿子,但从《明史》作者的介绍和冯行可的血书,可以看到,冯恩之所以会成为受人敬仰,令奸邪之徒畏惧,令百姓敬仰的"四铁御史",同吴氏的家训家教是分不开的。

4. 徐光启家训

徐光启(1562—1633),明朝科学家。字子先,号玄扈,谥文定。上海县(今属上海市黄浦区)人。万历三十二年(1604年)进士。万历三十一年入天主教。崇祯五年(1632年)升任礼部尚书兼东阁大学士,并参机要。崇祯六年兼任文渊阁大学士。研究范围广泛,以农学、天文学、数学为突出,较早从利玛窦等学习西方的天文、历法、数学、测量和水利等科学技术,并将这些科技知识介绍到中国。他是介绍和吸收欧洲科学技术的积极推动者。编著《农政全书》,主持编译《崇祯历书》,译著《几何原本》等。

徐光启出生在上海一个自食其力的劳动者家庭。先祖从苏州迁居上海。到曾祖徐珣时,因地方官役剥削,沦为贫苦农户。

徐光启自幼受到家庭良好的教育和影响。他的祖父徐绪和父亲徐思诚虽然居乡务农,但都乐善好施。据《法华乡志·徐绪传》记载,徐光启祖父徐绪"性和厚,于物无兢","遇有穷乏者,辄施与之,弗吝也",是说徐绪性情平和,与人无争,但遇到穷困匮乏之人,总是援手帮助,一点不吝啬。而徐光启的父亲徐思诚继承了这一门风,同样"好施与,亲族有贫者、老者、孤者、寡者,辄收养,衣食之",即使到了自己家境不太好的时候,宁

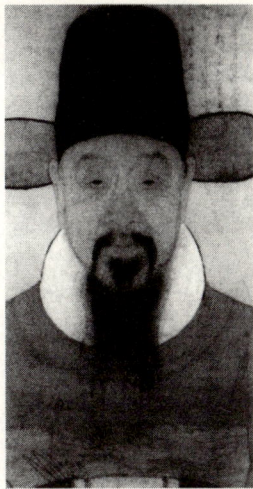

可和这些被收养的贫老孤寡者一起吃粗茶淡饭，"终不以贫故谢去"[1]。祖父、父亲这种赈贫济穷、乐善好施、造福桑梓的品德，无疑对徐光启今后的为人产生了重要影响。

　　徐光启受到父亲的影响还有一个方面是，父亲徐思诚在耕作之余，喜欢到老农家串门聊天，请教农业知识，心情好的时候，还会带尚在垂髫之年的徐光启一起去，并让他参加一些辅助性的农业劳动。这些童年经历，使徐光启加深了对农业的感情，培养了对农业生产的兴趣，为他日后成为一个杰出的科学家，编纂农学巨著《农政全书》打下了基础。

　　徐思诚喜欢谈兵论策，家中藏有不少兵书。在父亲的影响下，年幼的徐光启也竟喜欢阅读兵书，后来徐光启为朝廷大臣后，在他"言兵事"的第一次上述中自述："臣生海滨，习闻倭警，中怀愤激，时览兵传。"[2]

　　徐光启的父亲徐思诚于1607年5月23日（农历四月二十八日）病逝

---

① 《法华乡志·徐思诚传》，转引自王成义：《徐光启家世》，上海大学出版社，2009年9月出版，第157页。

② 见王欣之：《明代大科学家徐光启》，上海人民出版社，1985年8月出版，第10页。

于北京,他亲眼看见了儿子徐光启成为高官,也给徐氏家族带来荣耀。但他临终之前,"语不及私家事",留下的遗嘱是:"开花时思结果,急流中宜勇退。"①

徐光启的祖父、父亲尽管只是普通的农户,但他们质朴的品德,通过言传身教,直接地影响了徐光启。

徐光启20岁中秀才,36岁中举,43岁中进士登上仕途。一直做到太子太保、礼部尚书兼文渊阁大学士,他继承了祖父和父亲留下的门风,为官清廉,洁身自好。万历四十五年(1617年)他晋升为詹事府左春坊左赞善,兼翰林院检讨。这年六月初九日(7月11日)奉命往宁夏,代表朝廷册封庆世子朱倬㴨为庆王。庆王按惯例,馈赠徐光启二百金和币仪等礼物,徐光启婉谢。庆王又派人追至陕西潼关,光启又婉言谢绝,并留下谢笺:"若仪物之过丰,例无冒受;惟隆情之下逮,即衷切镌衔。"②

崇祯四年(1631)徐光启任礼部尚书兼翰林院学士。三月二十一日(4月22日)七十大寿,平时冷落的门庭一下子热闹起来,徐光启婉言谢却寿礼,并事先吩咐儿孙一概不收寿礼。唯有从上海远道而来的乡邻周明玙,因不便退还,只得从权祗领,特函致谢。③

徐光启的父亲徐思诚在北京病逝后,8月16日,徐光启扶柩南下,回到上海守制。当时徐光启官至翰林院检讨,在当时的上海县,社会地位已算是很高了。但徐光启像祖父、父亲一样,待人谦和,彬彬有礼,不摆官架子。平时绝迹公府,但只要是对地方上有利的事,如建闸、蓄水、疏通吴淞江、保护文物古迹,凡是能尽心的,则不遗余力。自己衣物饮食,力求简

---

① 见王欣之:《明代大科学家徐光启》,上海人民出版社,1985年8月版,第58页。
② 王成义:《徐光启家世》,上海大学出版社,2009年9月版,第254页。
③ 同上书,第255页。

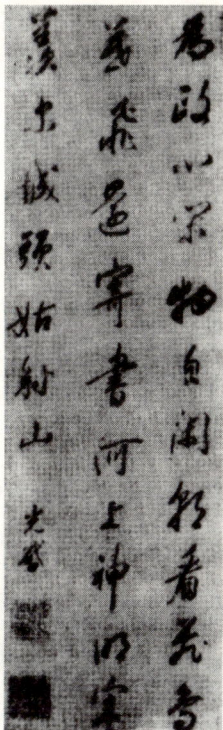

朴，与普通老百姓没有什么区别。①

　　徐光启去世后，人们整理他的衣物，发现在简陋的住屋中，仅有一只陈旧木箱，箱子里面是破旧衣服和一两白银。此外，便是大量的著作手稿。翻开床铺上的垫被，破旧不堪。他生前暖足的汤壶子微有渗漏。有人将徐光启"盖棺之日，囊无余赀"，一贫如洗的情景报告给崇祯皇帝，以使那些贪污受贿之人惭愧。崇祯派员赐给办丧事所用物品及治丧钱等，特派礼部尚书李康主持丧祭，并派人护丧回上海。

　　1641年（崇祯十四年），徐光启的遗体营葬于上海县城西门外十余里的土山湾西北，即现在徐家汇的徐光启墓地。墓前有石人石马、华表

①见王欣之：《明代大科学家徐光启》，上海人民出版社，1985年8月出版，第58—59页

牌坊。1903年（光绪二十九年）重加修葺，墓前石坊，正中额曰："文武元勋"。两边对联是：

治历明农百世师，经天纬地；

出将入相一个臣，奋武揆文。

这副对联，恰如其分地概括了徐光启的一生事业。

为了纪念这位明代大科学家，在长眠着徐光启的墓地上，上海人民修建了一座南丹公园。上海市人民政府修葺了徐光启墓，墓前竖立了徐光启雕像，1983年为纪念徐光启逝世三百五十周年，上海市人民政府又将南丹公园改名为光启公园，以供国内外人士凭吊。在古墓四周，花木繁茂，青松

* 徐光启花岗石雕像

挺立。2003年，为纪念徐光启逝世三百七十周年，又重建大椭圆形土墓，并建成徐光启纪念馆。2008年4月3日，上海又举行纪念爱国科学家徐光启逝世375周年祭扫仪式，复旦大学教授朱维铮先生撰写了《祭徐光启文》，其中说："先生毕生清正，晚居次辅，门庭冷落，非惟苞苴（bāo jū 指贿赂）不入，乃至饔飧（yōng sūn，指早晚两餐）难继。在位病逝，仅遗旧衣数袭，可谓鞠躬尽瘁，廉愈诸葛。"祭文对徐光启的清廉自守给予了高度评价。

徐光启生前，写有一首《题岁寒松柏图》，诗中把桃花与松柏作了对比。桃花艳丽，然而"天风吹严霜，零落一朝空"。而松柏虽几经风霜严寒，却是：

> 黛色欲参天，干石柯青铜。
>
> 幽志自畴昔，持此谐清风。

这首诗无疑是徐光启自己品格的生动写照。

徐光启律己严格，洁身自好。同时，对子女及家人教育和管束也很严格。在他儿子徐骥17岁之时，有一次，徐骥路过一个有钱人的家，看到这家人正在吃麦粥，发出很响的声音，感到可笑。回家后，把这件事当作笑料来谈，觉得这家太寒酸了。徐光启对徐骥因人家吃麦粥而流露出轻蔑的神态，十分恼怒，把徐骥痛骂了一顿，气得饭也不吃了。徐骥很惊慌，急忙请了许多亲戚长辈说情，事情才罢休。① 从这件小事可见徐光启家训之严。正因为如此，徐光启的后代人才辈出，他开创的读书治学、清廉刚正的家风得以代代相传。

---

① 见梁家勉编著：《徐光启年谱》，上海古籍出版社，1981年4月出版，第61页。

5. 夏完淳家训

夏完淳（1631—1647），原名复，字存古，号小隐，松江华亭（今上海松江）人。明朝末年爱国诗人。夏完淳出生时，明王朝已经日薄西山，岌岌可危。其父夏允彝和老师陈子龙，俱为当时名士，崇尚气节，以文名著称。面对国家内忧外患，夏允彝、陈子龙忧时忧国，曾集几社名士，与张溥、张采等人的复社同声相应，在研讨学问之余，积极宣扬改良政治，企盼国家振兴。夏完淳从幼时就深受父亲和老师高尚的爱国主义情操的熏陶和影响。

崇祯十七年（1644年）三月，明朝灭亡。次年五月，建立仅一年的南明弘光政权也覆灭，清军很快攻占了江南的主要城市。其时，江南人民纷纷组织义师，英勇抗击清军。14岁的夏完淳也随父亲和老师积极投身到

* 夏完淳，抗清义士、诗人，清徐璋绘《云间邦彦画像》，载《上海古代历史文物图录》，上海教育出版社1981年版。

抗清斗争中去。后父亲殉国,夏完淳又与老师陈子龙、岳父钱旃继续与清兵斗争,并上书已在绍兴(今属浙江)充当监国的鲁王,鲁王授予夏完淳中书舍人的官职。

清顺治三年(1646年)春天,夏完淳变卖了全部家产,与陈子龙、钱旃一起加入太湖义军。失败后又亡命四方,继续四处联络反清力量,坚持抗清斗争。

顺治四年(1647年)四月,夏完淳被清军逮捕,被押送到南京。当时,明朝叛将、时任清兵部尚书兼右副督御史总督江南军务的洪承畴亲自出面,以高官诱降夏完淳,但夏完淳坚定不屈,对洪承畴冷嘲热讽,痛斥其叛徒汉奸的无耻行径,使得洪承畴又羞又恼。九月,夏完淳就义于南京西市,年仅17岁。被囚时,夏完淳写下了《狱中上母书》和《遗夫人书》两封遗书。

首先,让我们来看夏完淳的《狱中上母书》:

不孝完淳今日死矣!以身殉父,不得以身报母矣!痛自严君见背,两易春秋。冤酷日深,艰辛历尽。本图复见天日,以报大仇,恤死荣生,告成黄土。奈天不佑我,钟虐先朝。一旅才兴,便成齑粉。去年之举,淳已自分必死,谁知不死,死于今日也。斤斤延此二年之命,菽水之养,无一日焉,致慈君托迹于空门,生母寄生于别姓,一门漂泊,生不得相依,死不得相问。淳今日又溘然先从九京,不孝之罪,上通于天。

呜呼!双慈在堂,下有妹女,门祚衰薄,终鲜兄弟。淳一死不足惜,哀哀八口,何以为生?虽然已矣,淳之身父之所遗,淳之身君之所用。为父为君,死亦何负于双慈?但慈君推干就湿,教礼习诗,十五年如一日,嫡母慈惠,千古所难,大恩未酬,令人痛绝,慈君托之义融女兄,生母托之昭南女弟。淳死之后,新妇遗腹得雄,便以为家门之幸,如其不然,万勿置后。

会稽大望，至今而零极矣，节义文章，如我父子者几人哉？立一不肖后如西铭先生，为人所诟笑，何如不立之为愈耶？

呜呼！大造茫茫，总归无后。有一日中兴再造，则庙食千秋，岂止麦饭豚蹄，不为馁鬼而已哉！若有妄言立后者，淳且与先文忠在冥冥诛殛顽嚚，决不肯舍！兵戈天地，淳死后，乱且未有定期，双慈善保玉体，无以淳为念。二十年后，淳且与先文忠为北塞之举矣，勿悲勿悲，相托之言，慎勿相负！武功甥将来大器，家事尽以委之，寒食盂兰，一杯清酒，一盏寒灯，不至作若敖之鬼，则吾愿毕矣。新妇结缡二年，贤孝素著，武功甥好为我善待之，亦武功渭阳情也。语无伦次，将死言善，痛哉！痛哉！

人生孰无死？贵得死所耳！父得为忠臣，子得为孝子，含笑归太虚，了我分内事，大道本无生，视身若敝屣，但为气所激，缘悟天人理，恶梦十七年，报仇在来世，神游天地间，可以无愧矣。①

在这封信中，夏完淳先是简略地回顾了父亲殉国后自己两年来的抗清斗争经历，表达了必死的决心。接着又表达了对嫡母和生母养育的感恩之情，以及对姐姐、妹妹和自己遗腹子的关切之情。又表达了自己和父亲下一辈子依然坚持抗清的决心。最后，以豪迈的语言表达自己死得其所的崇高气节和不屈不挠的战斗精神。在信中，夏完淳回忆了慈君对自己"推干就湿，教礼习诗，十五年如一日"的教育深恩，可以看出作者自小受到家训。同时，作为夏家唯一的男儿，他也对身后事——交代，难能可贵的是，从信中丝毫看不见临刑之前的悲伤，而是从容道来，并从"节义文章，如我父子者几人哉"为自豪。尤其是在信的最后，以"人生孰无死？贵得死所耳！父得为忠臣，子得为孝子，含笑归太虚，了我分内事"表达了

---

① 引自陈桂芬、周中仁、戴启儒编注：《古代家书选》，漓江出版社，1984年8月出版，第124—125页。

他视死如归的战斗精神。通篇既谈到了自己自幼蒙受的庭训，又以家书的形式为夏家后代写下训诫。真是上海古代难得的家训精品。

《遗夫人书》是夏完淳在就义前，给妻子钱秦篆留下的绝笔信：

　　三月结缡，便遭大变，而累淑女相依外家。未尝以家门盛衰，微见颜色。虽德曜齐眉，未可相喻；贤淑和孝，千古所难。不幸至今，吾又不得不死；吾死之后，夫人又不得不生。上有双慈，下有一女，则上养下育，托之谁乎？然相劝以生，复何聊赖！芜田废地，已委之蔓草荒烟；同气连枝，原等于隔肤行路。青年丧偶，才及二九之期；沧海横流，又丁百六之会。茕茕一人，生理尽矣。呜呼！言至此，肝肠寸寸断。执笔心酸，对纸泪滴，欲书则一字俱无，欲言则万般难吐。吾死矣，吾死矣！方寸已断。平生为他

* [明] 夏允彝、夏完淳父子像

人指画了了,今日为夫人一思究竟,便如乱丝积麻。身后之事,一听裁断,我不能道一语也。停笔欲绝。去年江东储贰诞生,各官封典俱有,我不曾得。夫人,夫人!汝亦先朝命妇也。吾累汝,吾误汝,复何言哉!呜呼!见此纸如见吾也。外书奉秦篆细君。[①]

这封绝笔信写得相当感人。夏完淳在信中,表达了自己对妻子的真切感情。面对死亡,他大义凛然,但与爱妻诀别,不能不肝肠寸断,国恨与家事,不能两全。读后真令人唏嘘不已。从字里行间,我们可以看出年轻的夏完淳爱国爱家爱亲人的高尚品格。他留给家人和后代的是一笔宝贵的人格和道德遗产。

---

① 引自陈桂芬、周中仁、戴启儒编注:《古代家书选》,漓江出版社,1984年8月出版,第130页。

第三章

上海晚清名人家训

1. 曾国藩家训

曾国藩(1811-1872),中国近代史洋务运动的最早倡导者,清末洋务派和湘军首领。原名子城,字伯涵,号涤生。湖南湘乡白杨坪(今属双峰)人。道光进士,历任内阁学士兼礼部侍郎等职、武英殿大学士、直隶总督、两江总督等职。有《曾文公全集》。

1862年(同治元年),曾国藩派李鸿章率新招募的8 000淮军到上海,会同"常胜军"、"常捷军"夹攻太平军。李鸿章到上海后,在曾国藩的影响下,仿曾国藩创办的安庆军械所,在上海开办了"上海洋炮局"。1865年(同治四年),曾国藩和李鸿章在上海共同创办了洋务运动中规模最大的军事工业之一——江南机器制造总局。1867年(同治六年),曾国藩在容闳的帮助下,在江南制造总局附近建立了一所兵工学校,初步培养了一批新的科技人才,翻译出第一批西方科技书籍。容闳在《西学东渐记》中曾满怀喜悦地说到此事:"于江南制造局内附设兵工学校,向所怀教育计划,可谓小试锋芒。"[1] 1868年(同治七年),和丁日昌奏华亭(今上海松江)海塘坍损日多,亟须修补。1871年(同治十年),曾国藩拟定奏稿,与李鸿章联名上奏,阐述派遣留学生出国留学的意义,并拟定了具体章程12条,其中提出在上海设立"留学出洋局",派员负责,选出幼童在局中培训,准备出国。1872年2月,曾国藩和李鸿章再次联名上奏派遣幼童出洋的具体落实情况,提出幼童出国前在上海训练,由刘翰清负责。为了做好出国前的准备工作,曾国藩又拨款在上海设立了"出洋预备学校",设有正副校长,中西文教习。幼童在学校先受教育半年。1872年(同治十一年)夏天,经过考试合格的中国第一批出国留学幼童30名,在上海乘轮出洋,正

---

[1] 容闳:《西学东渐记》,湖南人民出版社,1981年出版,第121页。

式掀开了中国学生出国留学历史篇章的新页。1871年9月26日（同治十年八月十二日），曾国藩先后检阅江宁、扬州、清江浦、镇江、丹阳、常州、苏州、松江（今属上海）各军营，11月19日（同治十年十月七日）到达上海，视察了江南制造局，并宴请制造局里的译员和各匠师。从曾国藩的经历来看，他虽然与上海的直接关系并不多，但对上海所产生的影响是巨大的。

前文说过，曾国藩家训，代表了宋元明清家训文化的最高成就。曾国藩家训，上承祖训，下启后人。曾国藩后人之所以人才辈出，是和曾氏家训和门风有着直接和密切的关系。

曾国藩家训，源于祖父曾玉屏。曾玉屏（1774-1849），又叫曾星冈。清太学生。曾家以耕读为本的家风，就是有曾星冈亲手制订并开始的。曾星冈治家极严，创制"八字"与"三不信"家规。所谓"八字"，即"早、扫、考、宝、书、蔬、鱼、猪。"早，指早起；扫，指洒扫庭除；考，指不忘祭祀祖先；宝，指善待邻里；书，指读书教育；蔬，指种菜；鱼，指养鱼；猪，指养猪。所谓"三不信"，即不信僧巫、不信地仙、不信医药。曾国藩在家信中多次提到祖父制订的家规，如咸丰十一年（1861年）二月二十四日致四弟曾国潢的信中说：

> 家中兄弟子侄，惟当记祖父八个字，曰："考、宝、早、扫、书、蔬、鱼、猪。"又谨记祖父之三不信，曰："不信地仙，不信医药，不信僧巫。"

同年三月十三日，在写给儿子曾纪泽、曾纪鸿的信中说：

> 吾祖星冈公之教人，则有八字，三不信，八者曰：考、宝、早、扫、书、蔬、鱼、猪。三者，曰僧巫、曰地仙、曰医药，皆不信也。

曾国藩还将祖父家训编成顺口诀要儿孙铭记：

　　书蔬鱼猪，早扫考宝，常说常行，八者都好；地命医理，僧巫祈祷，留客久住，六者俱恼。

　　同治五年（1866年）十二月初六日，曾国藩在给曾国潢的信中又说："子弟之贤否，六分本于天性，四分由于家教。吾家代代皆有世德明训，惟星冈公之教犹应谨守牢记。"可见曾国藩对祖父家训的重视程度。

　　道光十九年（1839年）十月二十八日，曾国藩赴京散馆之前，他向祖父曾星冈道别，并请祖父教训。曾星冈说："尔的官是做不尽的，尔的才是好的，但不可傲。满招损，谦受益，尔若不傲，更好全了。"对祖父的这番庭训，曾国藩一直铭记在心。21年以后，也就是在咸丰十年（1860年）九月二十四日的《致沅弟季弟》的信中，曾国藩还提到祖父的这番话，他说："遗训不远，至今尚如耳提面命。"[1]

　　曾国藩的父亲曾麟书，在曾国藩的成长过程中也起到很重要的作用。他自己在求取功名的道路上蹉跎经年，一直到47岁那年才勉强得中秀才，但他教子读书还是有自己的一套方法的。他设立"利见斋"家塾，"发愤教督诸子"。曾国藩自八岁起就在父亲塾馆接受严格的读书教育。他曾回忆说："国藩愚陋，自八岁侍府君于家塾，晨夕讲授，指画耳提，不达则再诏之，已而三复之；或携诸途，呼诸枕，重扣其所宿惑者，必通彻乃已。其视他学僮亦然。其后教诸少子亦然。"[2]

---

① 引自田树德：《曾国藩家事》，江西人民出版社，2008年5月出版，第14页。
② 同上书，第21页。

除了严格要求儿子读书外，曾麟书还重视儿子的品德教育。曾国藩回忆说："父亲每次家书，皆教我尽忠图报，不必系念家事。余敬体吾父之教训，是以公而忘私，国而忘家。"①

奠定曾国藩在中国家训文化史上重要地位的是他的家信。曾国藩的家信有禀祖父、父母的，有致诸弟的，有谕儿子的，时间跨度历道光、咸丰、同治三朝，涉及的面也很广。在这里，仅从读书、修身、治家、处世、为官等几方面略作介绍，足以反映曾国藩家训的概貌。

关于读书

曾国藩是曾麟书长子，他有四个弟弟，作为大哥，他非常关心几个弟弟的读书治学。道光二十年（1840年）二月初九，曾国藩在北京写信给父母，信中说："家中诸事都不挂心，惟诸弟读书不知有进境否？须将所作文字诗赋寄一二首来京。"道光二十二年（1842年）九月十八日，他写信给四位弟弟，又谈到读书治学之事。在信中，曾国藩先谈到自己读书治学的心得和体会，他说：

予思朱子言，为学譬如熬肉，先需用猛火煮，然后用慢火温。予生平工夫全未用猛火煮过，虽略有见识，乃是从悟境得来。偶用功，亦不过优游玩索已耳。如未沸之汤，遽用慢火温之，将愈煮愈不熟矣。以是急思搬进城内，摒除一切，从事于克己之学。

曾国藩从自己的读书为学，又转而对诸弟的读书为学，提出了要求：

---

① 曾国藩：咸丰元年五月十四日《致诸弟》，见董力选编：《曾国藩家书》，四川文艺出版社，2008年5月出版，第61页。

求业之精，别无他法，日专而已矣。谚曰："艺多不养身"，谓不专也。吾掘井多而无泉可饮，不专之咎也。诸弟总需力图专业。如九弟（指曾国荃，行九——著者注）志在习字，亦不必尽废他业。但每日习字工夫，断不可不提起精神，随时随事，皆可触悟。四弟（指曾国潢，行四——著者注）、六弟（指曾国华，行六——著者注），吾不知其心有专嗜否？若志在穷经，则需专守一经；志在作制义，则需专看一家文稿；志在作古文，则需专看一家文集。作各体诗亦然，作试帖亦然，万不可以兼营并骛，兼营则必一无所能矣。

在这封信中，曾国藩向诸弟提出为学求业的一个重要原则，就是要"专"。他引用谚语"艺多不养身"，认为"掘井多而无泉可饮，不专之咎也"。告诉诸弟"万不可以兼营并骛，兼营则必一无所能矣"。

同年十二月二十日，曾国藩又有一信给诸弟，提出读书"三要"：

盖士人读书，第一要有志，第二要有识，第三要有恒。有志则断不甘为下流；有识则知学问无尽，不敢以一得自足，如河伯之观海，如井蛙之窥天，皆无识者也；有恒则断无不成之事。此三者缺一不可。诸弟此时，惟有识不可以骤几，至于有志有恒，则诸弟勉之而已。

曾国藩有两个儿子，长子曾纪泽，次子曾纪鸿。在家信中，曾国藩对儿子的读书治学，也提出了要求和方法。如咸丰八年（1858年）七月二十一日，他写信给曾纪泽，教授"读书之法"。他说：

读书之法，看、读、写、做，四者每日不可缺一。看者，如尔去年看《史记》、《汉书》、《韩文》、《近思录》，今年看《周易折中》之类是也。读者，如"四书"、《诗》、《书》、《易经》、《左传》诸经、《昭明文选》、李杜韩苏之诗、韩欧曾王之文，非高声朗诵则不能得其雄伟之概，非密咏恬吟则不能探其深远之韵。譬之富家居积，看书则在外贸易，获利三倍者也，读书则在家慎守，不轻花费者也；譬之兵家战争，看书则攻城略地，开拓土宇者也，读书则深沟坚垒，得地能守者也。看书如子夏之"日知所亡"相近，读书与"无忘所能"相近，二者不可偏废；至于写字，真行篆隶，尔颇好之，切不可间断一日。既要求好，又要求快。余生平因作字迟钝，吃亏不少。尔须力求敏捷，每日能作楷书一万则几矣。至于作诸文，亦宜在二三十岁立定规模；过三十后，则长进极难。作四书文，作试帖诗，作律赋，作古今体诗，作古文，作骈体文，数者不可不一一讲求，一一试为之。少年不可怕丑，须有狂者进取之趣，过时不试为之，则后此弥不肯为矣。

过了三年，又向儿子提出"看读写作"四字读书之法，信中说："尔十余岁至二十岁虚度光阴，及今将看、读、写、作四字逐日无间，尚有可成。"要求曾纪泽每天不间断地坚持"看读写作"。可见曾国藩对儿子读书要求之严。

在家信中，曾国藩还提出了"读书可变化气质"的重要观点。同治元年（1862年）四月二十四日，他在给曾纪泽、曾纪鸿的信中说："人之气质，由于天生，本难改变，惟读书则可变化气质。"有诗云："腹有诗书气自华。"曾国藩的"读书变化气质"论，对我们今天教育孩子读书，都是有现实意义的。

关于立志修身

曾国藩一生克己修身，同时，对弟弟、子女也强调立志修身。道光二十二年（1842年）十月二十六日，他在给诸弟的信中，针对三弟曾国华"自怨数奇"发牢骚之事，谈到了立志的问题，他说：

> 君子之立志也，有民胞物与之量，有内圣外王之业，而后不忝于父母之生，不愧为天地之完人。故甚为忧也，以不如舜不如周公为忧也，以德不修学不讲为忧也。是故顽民梗化则忧之，蛮夷猾夏则忧之，小人在位贤才否闭则忧之，匹夫匹妇不被己泽则忧之，所谓悲天命而悯人穷，此君子之所忧也。若夫一身之屈伸，一家之饥饱，世俗之荣辱得失、贵贱毁誉，君子固不暇忧及此也。

在这封信中，曾国藩提出立志有大小之别。立大志者，就是要以天下为己任，立小志者，斤斤于"一身之屈伸，一家之饥饱"。曾国藩希望诸弟立大志，早立志。

关于治家

曾国藩很重视家庭的和睦和勤俭。

关于家庭和睦，曾国藩在道光二十三年（1843年）二月十九日禀父母的信中提出："兄弟和，虽穷氓小户必兴；兄弟不和，虽世家宦祖必败。"咸丰八年十月初十（1858年11月15日），曾国藩的三弟曾国华在安徽三河镇阵亡，十一月十二日，曾国藩写信给曾国潢、曾国荃和曾国葆，讲到他自己于去年在家时，和曾国华"因小事而生嫌衅"之事，检讨说："实吾度量不闳，辞气不平，有以致之，实有愧于为长兄之道。千愧万悔，夫复何言！"从而提出"和气致祥，乖气至戾"，要兄弟们以此为戒，"力求和睦"。

关于勤俭，曾国藩在给诸弟和儿子信中曾多次强调。如他在咸丰五年（1855年）六月十六日，给诸弟的信中提出："子侄辈总宜教之以勤，勤则百弊皆除。"同年八月二十七日，在禀父母亲的信中，说道：

> 生当乱世，居家之道。不可有余财，多财则终为患害。又不可过于安逸懒惰。如由新宅至老宅，必宜常常走路，不可坐轿骑马。又常常登山，亦可以练习筋骨。仕官之家，不蓄积银钱，使子弟自觉一无可恃，一日不勤，则将有饥寒之患，则子弟渐渐勤劳，知谋所以自立矣。

同治元年（1862年）五月二十七日，曾国藩写信给曾纪泽，戒儿子勿沾富贵习气。信中说：

> 凡世家子弟衣食起居，无一不与寒士相同，庶可以成大器；若沾染富贵习气，则难望有成。吾忝为将相，而所有衣服不值三百金。愿尔等常守此俭朴之风，亦惜福之道也。

曾国藩曾撰"俭以养廉，直而能忍"联赠给二弟曾国潢。同治二年（1863年）十月十四日，曾国藩根据老家的用度开支情况，致信二弟曾国潢，批评各家规模总嫌过于奢华。他举家人出行坐四轿一事，指出家中坐者太多，尤其听说自己的儿子曾纪泽亦坐四轿，认为"此断不可"，要曾国潢"严加教责"，同时要求弟弟"亦只可偶一坐之，常坐则不可"。曾国藩反对家人坐四轿，不是因为家境条件不允许，而是认为"以此一事推之，凡事皆当存一谨慎俭朴之见"。一个月以后即十一月十四日，曾国藩又给曾国潢写信，要求弟弟："于俭字加一番功夫，用一番苦心，不特家常用度宜俭，即修造公费，周济人情，亦须有一俭字的意思。总之，爱惜物力，不失寒士之家风而已。莫怕'寒村'二字，莫怕'悭吝'二字，莫贪'大方'二字，莫贪'豪爽'二字，弟以为然否？"以曾国藩这样的地位，能反复告诫家人，勿忘勤、俭、廉，确实是难能可贵的。

关于处世

对此，曾国藩在给弟弟、儿子的信中，多次提到。他非常懂得"月盈则亏，水满则溢"的道理。他于咸丰六年（1856年）九月初十致信曾国潢，告诫弟弟"于县城省城均不宜多去"，他认为"处兹大乱未平之际，惟当藏身匿迹，不可稍露圭角于外"。对于自己，他说："吾年来饱阅世态，实畏宦途风波之险，常思及早抽身，以免咎戾。家中一切，有关系衙门者，以不与闻为妙。"

咸丰八年（1858年）三月初六，曾国藩致信曾国荃，专门就"傲"和"多言"训诫诸弟。信中说：

古来言凶德致败者约有二端：曰长傲，曰多言。丹朱之不肖，曰傲曰嚚讼，即多言也！历观名公巨卿，多以此二端败家丧生。余平生颇病执拗，德之傲也；不甚多言，而笔下亦略近乎嚚讼。静中默省愆尤，我之处处获戾，其源不外此二者。温弟（指曾国华——著者注）性格略与我相似，而发言尤为尖刻。凡傲之凌物，不必定以言语加入，有以神气凌之者矣，有以面色凌之者矣。温弟之神气稍有英发之姿，面色间有蛮狠之象，最易凌人。凡心中不可有所恃，心有所恃则达于面貌，以门第言，我之物望大减，方且恐为子弟之累；以才识言，近今军中炼出人才颇多，弟等亦无过人之处。皆不可恃。只宜抑然自下，一味言忠信、行笃敬，庶几可以遮护旧失，整顿新气。否则，人皆厌薄之矣。沅弟（指曾国荃——著者注）持躬涉世，差为妥恰。温弟则谈笑讥讽，要强充老手，犹不免有旧习。不可不猛省！不可不痛改！闻在县有随意嘲讽之事，有怪人差帖之意，急宜惩之。余在军多年，岂无一节可取？只因"傲"之一字，百无一成，故谆谆教

诸弟以为戒也。

整封信，主要诫诸弟勿长傲、勿多言，直率地指出曾国华在为人处世方面存在的问题，要求他猛省、痛改，并谆谆要求诸弟以为戒。

咸丰八年（1858年）七月二十一日，曾国藩写信给曾纪泽，提出：

至于做人之道，至贤千言万语，大抵不外"敬恕"二字。"仲弓问仁"一章，言敬恕最为亲切。自此以外，如立则见参于前也，在舆则见其倚于衡也；君子无众寡，无小大，无敢慢，斯为泰而不骄；正其衣冠，俨然人望而畏，斯为威而不猛。是皆言敬之最好下手者。孔言"欲立立人，欲达达人"；孟言"行有不得，反求诸己"。"以仁存心，以礼存心"，"有终身之忧，无一朝之患"，是皆言恕之最好下手者。尔心境明白，于恕字或易著功，敬字则宜勉强行之，此立德之基，不可不谨。

* 曾纪泽（1839—1890），字劼刚，湘乡（今属湖南）人。曾国藩长子。清官吏，诗人。历任驻英、法大臣。中法战争时主张抗法。通外交，工诗，善画，会篆刻。

73

同年十月二十五日，曾国藩在给曾纪泽的信中，又向儿子提出"君子之道，莫大乎与人为善"。同治三年（1864年）七月九日，曾国藩写信给曾纪鸿，告诫他：

尔在外以"谨慎"二字为主，世家子弟，门第过盛，万目所瞩。临行时，教以三戒之首，末二条及力去傲惰二弊，当已牢记之矣。场前不可与州县来往，不可送条子，进身之始，务知自重，酷热尤需保养身体。此嘱。

曾国藩在信中对儿子的教训，至今读来仍具有现实借鉴意义。

关于为官之道

道光二十九年（1849年），39岁之时，曾国藩升授内阁学士兼礼部侍郎，又钦派会试总裁，官职由四品骤升二品，地位不能算不高。他在三月二十一日写信给诸弟，讲到他的为官之道，他说：

予自三十岁以来，即以做官发财为可耻，以官囊积金遗子孙为可羞可恨，故私心立誓，总不靠做官发财以遗后人。神明鉴临，予不食言！……将来若做外官，禄入较丰，自誓除廉俸之外，不取一钱。廉俸若日多，则周济亲戚族党者日广，断不蓄积银钱为儿子衣食之需。盖儿子若贤，则不靠宦囊，亦能自觅衣饭；儿子若不肖，则多积一些，渠将多造一孽，后来淫逸作恶，必且大玷家声！故立定此志，决不肯以做官发财，决不肯留银钱与后人。

这封信，是曾国藩表明"以做官发财为可耻"。咸丰元年（1851年）五月十四日，曾国藩在致诸弟的信中，又表明自己为官当"尽忠直言"。

他说：

　　二十六日，余又进一谏疏，敬陈圣德三端，预防流弊。其言颇过激切，而圣量如海。尚能容纳，岂汉唐以下之英主所可及哉！余之意，盖以受恩深重，官至二品，不为不尊；堂上则诰封三代，儿子则荫任六品，不为不荣；若于此时再不尽忠直言，更待何时乃可建言？而皇上圣德之美出于天亶，自然满廷臣工遂不敢以片言逆耳，将来恐一念骄矜，遂至恶直而好谀，则此日臣工不得辞其咎。是以趁此元年新政，即将骄矜之机关说破，使圣心日就兢业而绝自是之萌。此余区区之本意也。现在人才不振，皆谨小而忽于大，人人皆趋习脂韦唯阿之风。欲以此疏稍挽风气，冀在廷皆趋于骨鲠，而遇事不敢退缩，此余区区之余意也。

* 曾国藩墨迹

曾国藩在这封信中说"余又进一谏疏,敬陈圣德三端,预防流弊",是指他当年5月,给刚刚登上帝位的咸丰皇帝上了一个针对皇帝本人的《敬陈圣德三端预防流弊》折,从三个方面对咸丰提出批评。第一方面批评咸丰苛求小节,疏于大计,对广西前线的将帅安排不当;第二方面批评咸丰文过饰非,不求实际;第三方面批评咸丰骄矜,出尔反尔,刚愎自用,骄傲自满,言行不一。① 惹得咸丰大怒,即要军机处拟曾国藩之罪,幸亏其他大臣求情,才得以免罪。因此,曾国藩在信中讲到自己的"区区本意",绝不是说一些空话、套话,他是这样说的,也是这样做的。

曾国藩为官之道,在家信中还多有反映,就以上介绍的不贪财、敢于犯颜直谏,就足以对家人、子弟以教育,对后人以启示了。

曾国藩家训,在中国家训文化史上,之所以地位重要,广受世人的重视,不仅仅其内容丰富,涉及广泛,语言亲切,符合实际,还在于曾国藩家训确实起到了作用,发扬光大了曾氏门风,使曾国藩的后代人才辈出。

曾纪泽和曾纪鸿,是曾国藩家训的直接教育对象。长子曾纪泽(1839—1890),学贯中西,是清末著名外交家。1878年(光绪四年),充出使英、法两国大使。1879年(光绪五年)使俄大臣崇厚同俄国擅订《里瓦几亚条约》被革职,曾纪泽临危受命,兼充出使俄国大臣,在与俄国交涉中,据理力争,折冲樽俎,毁丧权辱国的《里瓦几亚条约》,更立新议,签订了中俄《伊犁条约》,收回伊犁和特克斯河地区。中法战争爆发,曾纪泽极力抗议法政府的无端挑衅,主张"坚持不让","一战不胜,则谋再战;再战不胜,则谋屡战"。他与法人争辩,始终不屈不挠。又疏陈备御策略。与英国议定《洋烟税厘并征条约》,为清政府每年增加烟税白银200多万

---

① 马东玉:《曾国藩大传》,团结出版社,2008年1月出版,第21页。

两收入。还曾帮办海军事务，为我国海军的发展作过一定的贡献。曾纪泽于光绪三年（1877年）曾到上海察看江南制造局，次年，由上海出发，出使英、法。光绪十二年（1889年），自英国伦敦抵上海返京。

曾纪鸿（1848—1881）作为曾国藩的次子，成就虽没有兄长大，但也禀遵父训，潜心向学。尤其在攻读举业的同时，致力钻研算数之学。虽不幸早死，但也多有成就。著有《对数详解》5卷，对数的源流、原理以及实用价值等做了精辟论述，刊刻印行后深受同行和广大算学爱好者欢迎。1874年曾纪鸿又写了《圆率考真图解》一书，推算得圆周率到小数点后100位之多，在当时国际上处于领先地位。李约瑟在《中国科技史》等书中充分肯定了曾纪鸿在数学史上的重要地位。

除了两个儿子外，曾国藩的孙辈也同样各有成就。如曾纪鸿四子、曾纪泽养子曾广铨（1871—1930）承父志，先后任清驻英使馆参赞、使韩国大臣。无论在英国还是韩国，都牢记祖训，自觉坚持以俭养廉，不失国体，被清廷誉为"良臣"。曾纪鸿长子曾广钧（1866—1929），则继承家学，为清末著名诗人，被梁启超誉为"诗界八贤"之一。

在曾孙辈中，曾约农（1893—1986）曾任台湾东海大学首任校长，著名教育家。曾孙女曾宝荪（1893—1978）为曾家女子中第一个出国留学者，于1916年7月获得伦敦大学理科学士学位，是中国妇女获此学位的第一人。回国后终身不嫁，致力于女子教育，是一位桃李满天下，在社会上有广泛影响的教育家。曾国藩曾孙女曾宝菡（1896—1979）是曾氏后裔中第一个女医学博士。至于曾国藩旁系亲属中，也同样涌现出大批杰出人才，如曾任国家高教部副部长的曾昭抡（1899—1967），新中国第一个女考古学者曾昭燏（1909-1964），爱国化学家曾广植，为变法维新"以死唤醒民众"的曾广河（1874—1898），杰出的文史专家曾宪楷（1908—1985），曾国荃玄孙女、曾国藩兄弟后裔中第一位中共党员、老革命曾宪植

（1910—1989）、被联合国聘为文教委员的画家曾宪杰。

在曾国藩的儿女中，有一位要单独作介绍，那就是曾国藩最小的女儿曾纪芬。

曾纪芬（1852—1935），晚号崇德老人。三岁时过继给叔叔曾国葆做女儿，直至八岁。曾纪芬在家虽然年龄最小，自幼受到父母及哥哥姐姐的百般怜爱，但曾国藩对她的教育、训导丝毫不放松。在她八岁时，曾国藩就让她与曾纪鸿等从塾师邓寅皆读书，同时还令她学习女红。她的丈夫聂缉椝，是洋务运动的积极参与者。光绪八年（1882年），任江南制造局会办，两年以后，任总办。先后担任苏松太道、浙江按察使、江苏布政使、护理江苏巡抚、安徽巡抚、浙江巡抚，亦官亦商，是近代中国著名的民族资本家。

曾纪芬出身名门，既是官太太，又是民族资本家的夫人，但她一生秉尊曾国藩家训，勤俭持家，亲手劳作，严教子女。晚年闲居上海，将公公聂亦峰所遗田产和丈夫聂缉椝历年储积家资房地股要现金按十成处分，提

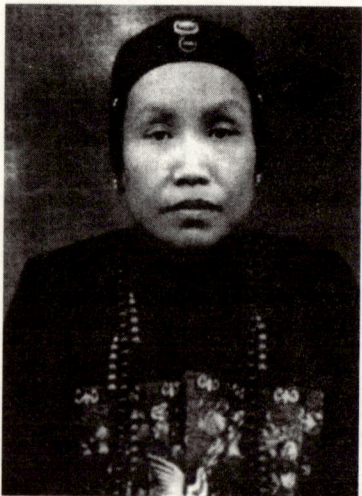

* 曾纪芬（1852—1935），女，晚号崇德老人，湘乡（今属湖南）人。曾国藩季女。工书法。

出一成分，作为慈善经费用于各公益工业及水旱灾疫捐款，又将上海培开尔路地亩尽数捐出，由工部局开办"聂中丞公学"，培养新式人才。更值得一提的是，曾纪芬身居上海繁华之地，一直没有丢掉勤俭持家、廉朴处世的家风。她针对社会上越来越盛行的奢靡之风，特意在病中口述，由儿子聂其杰撰录成《廉俭救国说》。其文如下：

历观数千年治乱盛衰之迹，每与一时风尚之奢俭为消息。大抵社会奢侈，则纵欲肆志之表现也；风俗简朴，则克己复礼之表现也。纵欲望即杀机动，而乱至矣；崇礼义即生机萌，而治隆矣。其消息甚微，而征诸事实证验，未有或爽者也。就一身所阅历，亦有可述者。余生值咸丰初年，粤乱初兴，先文正公赤手空拳，出膺艰巨。时值承平日久，朝野酣嬉，习于虚伪。军事吏治，腐败已极，无可拨之饷，无可战之兵。公初以乡绅任团练，后则总制各省军务，统兵至十余万，以廉率属，以俭治家，誓不以军中一钱寄家用，竟能造为风气。与一时将吏，以道义廉洁相勉循，故克和衷共济，勘定大难。一二在上位者，克己制欲，而其成效有如此者。先公在军时，先母居乡，手中竟无零钱可用，拮据情形，为他人所不谅，以为督抚大帅之家，不应窘乏若此。其时乡间有言修善堂杀一猪之油，止能供三日之食；黄金堂杀一鸡之油，亦须作三日之用。修善堂者，先叔澄侯公所居，因办理乡团，公事客多，饭常数桌；黄金堂则先母所居之宅也，即此可知当时先母节俭之情形也。阙后居两江督署，先公常欲维持乡居生活状况，平日衣服不准用丝绸。一日客至，予着羽纱袄，绽有阑干，客去而文正公入，以目注视，问母云："满女衣何华好？"母亟答云："适见客耳。"羽纱洋货，质薄而粗，价比呢廉，比湖绉更廉矣。所绽阑干，南京所织，每尺三十文耳。平日亦着此袄，外罩布褂，见客则去罩衣。先公所定章程，子女婚嫁，皆以用贰百金为限，衣止两箱，金器两件，一扁簪，一挖耳，一切皆在此贰百金中。予等纺纱绩麻，缝纫烹调，日有定课，几无暇刻，先公亲自验功。昔时妇女鞋袜，无论贫富，率皆自制。予等兼须为吾父及诸兄制履，以为功课。纺纱之工，予至四十余岁，随先外子居枭署时犹常为之。后则改用机器缝衣，三十年来，此机常置座旁，近八十一岁矣，犹以女红为乐，皆少时所受训练之益也。余所以琐琐述此者，盖社会奢俭之风，皆由少数人所提倡，贵人妻女，实为奢侈作俑之尤，且每为男子操行事业之累，故先公对于予等，督责如实之严也。余既早受此等训育，终身以为习惯。选购衣料，常取过时货，因其廉也。忆甲午年，在沪道署中，先嫂曾惠敏公夫人来署，见余所买花边，式样陈旧，因言："此物无人用矣。今所行洋花边，花色鲜美，胜此十倍。"予曰："予已见之，且代人买过，然价视此数倍。余所买者，虽已过时，余自爱之，且喜其价为中国所得，金钱不外流也。"嫂笑云："靠你一人所省，能有几何？"余曰："虽然，若人人能如是着想，或皇太后能见及此，而不爱洋货珍玩，则所省多矣。"盖时值慈禧太后六旬万寿，各省督抚，纷纷在沪采办各国奇巧之物，以为贡品；京内大臣，则更逢迎意旨，请移国防之费，以兴建筑。旋即有中日之战，割地赔款，国势从此不振。一人稍存侈泰之心，而影响如此之巨。嘻！可畏矣。乃甲午战败后，国人不知警戒，不务节俭，以厚蓄国力。其所谓变法兴学者，专务揣摩欧风，而我国廉俭之美德，遂置脑后。社会奢侈，日甚一日，积数十年之漏卮，遂使强邻之船益坚，炮益利，以为侵略我之具，是谁之过欤？近十年来，奢侈程度，又数倍于昔日。步趋欧美陋习，无所不至其极。男女学生，多着西装，袜履之价，至数十元。婚礼摹仿西式，自顶至踵无一非舶来贵品，一盖头纱巾，价至数百元，结婚之场，以外国酒馆为上。总之，一切举动，欲完全似外国人，尤欲似外国富人，而以中国之服饰状态为可贱可耻。此毒深入脏腑，爱国观念，无形消灭，欲保民族之独立难矣！盖国家之个性已亡也。中国立国之精神，与民族之个性不一端，而其特点实惟俭德，中国政教之根本在德礼，而德礼亦以俭为归。孔子答林放问礼之本，曰："礼，与其奢也，宁俭。"御孙曰："俭，德之共也；侈，恶之大也。"故俭为政教之精神也。盖嗜利而以富骄人，为人类同有之恶根性，世界祸乱，皆由于此。惟我国古圣贤深知其故，故其为政立教，推崇德义，而贬抑富豪。孔子言君子喻义，小人喻利。孟子以孳孳为利为盗跖之徒；又述阳虎言，为富不仁，为仁不富；又以商贾垄断市利位贱丈夫。汉贾谊晁错为我国大政治家，深斥富商大贾豪奢之行，妨害民生，败坏风俗，淆乱礼制，言之痛切。以故数千年来赖礼教维持，以社会清议之制裁，成无形之法律，富豪贪官稍有忌惮。有明之季，尚存此风规，官吏或致富归乡，类为士林所不齿，此实中国特有之民族精神。降之今日，输入欧风，尤以美国为最，尊富人曰上等人，称美豪奢，贱视俭素，学者且从而为之说，风气乃大坏，而国事不可为矣。其影响及于社会经济者，一切器用，舍中取西，我国旧有之工艺，逐渐归于淘汰，而失业贫苦之人多矣。去岁进口洋货价洋二十二万万元之巨额，出入不敷者达八万万元之巨，此为提倡欧风，发展欲望之效验，甚显明矣。譬如病人，更加创伤，流血不止，欲其久活，安可得哉？今人动辄曰此帝国主义者经济侵略之咎也。固矣，然日本从前非居于同等地位，同受欧美各国之经济侵略者乎？何为而彼能自固自强，为列雄所惮如此也？夫起居日服装之不便，莫甚于日本，假令日本亦竟尚奢侈，好便利，求适体，则必弃其所固有者，而求诸外国，则其所耗价款之巨，不堪设想。如西式浴缸、便具、火炉、衣柜、铜铁床、弹簧褥、地毯等等，皆我国新人物认为不可少者，彼国则除少数贵族豪商及公共建筑外，凡中上等人家，概无此等物也。寻常家屋，并玻璃窗而无之。夫彼多数人民，能毅然守其旧有之俗尚，而安于不便不适者，盖由能抑制私人之欲望，以保全立国之精神与物力而已。此非教育之力不为功，而彼教育家能于数十年前具此只眼者，则由当时维新诸杰深得力于中国之学术（多数为阳明学者），能见其远且大者，知保存国粹，即所以强固国力，故不为西来文化所侵略也。盖礼教与俭约者，中国文化之美粹也。礼以克己制欲为主，寡欲则俭而约矣。此今人所病为消极道德，吃人礼教者，故反其道而行之，曰："发展欲望，乃能促进文化。"呜呼！事实证验则何如乎？自古以来，凡能福其民而利其国者，考诸册史，皆富于此"消极道德"者也。昔大禹承洪水之后，卑宫室，恶衣服，菲饮食，而致力乎沟洫稼穑，开三代盛治之先河，亦千古秉政者之模范也。晋文正公时，国人尚奢，公身示之以俭，宫室卑鄙，衣不重帛，食不兼肉，时人乃皆大布之衣，粗粝之饭，晋国以霸。卫文公当国破之后，大布之衣，大帛之冠，数年之间，再振国力。吴王阖闾，居不重席，食不二味，以成霸业。越王勾践，卧薪尝胆，与士卒共苦，竟吞强吴。汉文帝禁止雕文刻镂、锦绣纂组，却贡献，减太官（主膳食者），省徭赋，一时循吏辈起，盛治称三代后之冠。宋仁宗力行节俭，屏弃珍物，而良将相之多，为宋代冠，时人有言："军有韩范，虏骑破胆"，韩范者，韩魏公、范文正公，亦皆以廉俭刻苦为世所称者，而其效乃能威振强敌也。清圣祖内衣九日一浣，室中毡毯用四十年，平时食无兼味，故能于明末空虚之后，不务搜括，而尽除明代各种苛税；虽经三藩回部缅甸之役，而人民丰乐，国力雍乾，共免全国钱粮八次之多，粤乱以前，并厘金而无之；其他积极事业甚多，如从西洋人亲学天算，派员测定全国经纬舆图，为中国有正确舆图之始，又能亲制发条自鸣钟，及编成《历象考成》、《康熙字典》、《七经纂传》等巨籍多种；其好学勤政，而造成二百年太平之盛治，皆由其俭约克己之所致也。他如马援立功交趾，以谦约节俭廉公垂诚。诸葛亮定三分业，以静俭淡泊著称。耶律楚材佐元太祖，军行六万里，兵威远至印度西域，所至劝元主勿杀，保全人命以数百万计，而布衣蔬食，神明淡泊，如处深山中（耶氏深于禅学），皆由其修养有素，发为事功也。以上所举明君良相皆能以廉俭律身而福利强大其国之证，此即中国礼教之本旨。然则道德果消极乎？更证以西国近事,如华盛顿、林肯,皆以廉俭私德闻于世,其成就之伟大,人所共知,无待赞述。再造意大利之加富尔,以身许国,立志不娶,以成大业。现任德总理普鲁宁,独身不娶,所得月俸,除食用外,尽还国库,不蓄私财,故德人虽处困苦之境,犹能与政府合作,群称普氏为德国救星。俄之史丹林,能使国人耐苦力作,以成其五年计划而人乐从,以其能自俭苦,与众无异,而忠实为人所信故也。印度甘地,为今世之第一英杰,其所以能为国人信仰景从者,亦由其刻苦自励有以致之。甘地日食饭止一蔬,及羊乳少许;其所着衣服,乃自纺之纱所织,一切洋货皆不用,乃至轮船火车皆不乘,虽千里亦自徒步以赴之。今人以为利用科学发明,足以增加办事之功效,然欧美人个人功效,有能如甘氏者乎? 世有不战而屈人之兵者,甘氏是也。先文正公有言:"精神愈用而愈出,智慧愈苦而愈明。"此意惟能努力者自知之耳。以上所述我国先民及泰西贤哲,德业事功有成就者,莫不对于一己深自贬抑,使肉体私心之萌动,而与公德心如水火之不能两立者。必能克除私人欲望,而后一切建设有可期。王阳明曰:"杀山中贼易,杀心中贼难。"能克心中之敌,即自胜自强之谓也。以上所述政治家外,他如大思想家卢梭、托尔斯泰、马克斯、苦鲁巴金,皆能屏斥物质之享用,而自甘于俭苦淡泊之生活。卢氏、托氏,皆戒绝肉食居(苦氏似亦不食肉)。又如近代大科学家艾迪生,饮食起居,皆在实验室中,盖于世俗之欲乐无所好也。汽车界两雄,福德与斯龙司,皆不沾烟酒,不喜游乐。大科学家爱因斯坦,朴拙淡泊,无利欲心,某影戏公司请其一登银幕演说,酬资二十万美金,爱氏谢绝之,盖谓学问非为金钱也。其他科学名人,清操多有类此。其学术事业之成就,初非企图肉体之享用,故不得谓有欲望而后发明也。反是大发明家思想家,由于欲情浓厚者,未之前闻。故今人言发明欲望,所以促进科学与文化者,纯属臆说,不能证以事效,惟借此自文其过而已。求其反证,则中外历史,凡由治安时代而致于破坏,皆欲望发展之效,事证昭昭,不可胜述也。乃至近年欧战之大战,现今列国相持之危局,我国二十年来之内争,亦何一非发展欲望之表现乎?其破坏程度,至可惨伤;其所产生之奇巧发明,亦无非为破坏与争欺之用。欲望岂尝有补于世界进化哉?近人好逞己见,淆乱是非,多数人以耳为目,不能抉择,于是薄礼教,毁圣言,自鸣得意,遂造今日贫乱危急之现象。孰知世界一切纠纷情形,皆尝经古哲所亲阅历而加以研讨,从其事效,发为精确之结论,循而行之,则举凡经济难题,阶级争端,悉得解决。准诸最新社会主义之学说,多能适合,且世界愈演进而愈见其允当焉,然非此文范围所及,故不详论。予惟欲以个人身受之先训,贡献于当世有指导社会之责者,冀如以严重之考虑。若有多数闻人以身作则,挽回风气,勿轻国俗而重欧风,实行大禹及古来兴国各贤之所为,恶衣服,卑宫室,菲饮食,提倡朴拙粗陋之国货,而群以用华贵精美便利之舶来品为可耻,一转移间成效可立睹也。然近今社会,女子左右风尚之力,较男子尤大,其责任亦更重,故吾尤望我女界能先见及此,妻励其夫,母诫其子,姊妹劝其兄弟,咸牺牲个人之欲望,群策群励,以廉救国,以俭拯民,以不欺安群而和众。期以五年,国防固矣。夫国防者,非可专恃坚垒深壕利器而已也。管子曰:"礼义廉耻,国之四维,四维不张,国乃灭亡。"孟子所谓城高池深,兵坚甲利,委而去之者,四维不张故也。先文正公曰:"无兵不足深忧,无饷不足痛苦,独举目斯世,求一攘利不先,赴义恐后,忠愤耿耿者,不可亟得,斯其可为浩叹者也。"当时情事,大类今日。管孟之慨叹,贾生之痛苦,皆为此而发。集多数重利轻义寡廉鲜耻之人,虽授以十倍欧美之军备,惟以自残,且以资敌耳。反是,苟能行礼义廉耻之教,则贪污恶劣之行,为清议所不容,其力胜于法律之惩罚也;豪奢争欺之习,为社会所共弃,其效尤捷于政令之限制也。如是则人人心目中自具壁垒,以为战守,商贩不羡洋货重利之可图而售销,士民不羡舶来品之精美便利而购买,此真坚壁清野之法也。今日各国金融恐慌，皆有不可终日之象，凡恃武力称霸及经济侵略之国，早晚有崩溃之可能，其暂得不溃者，恃其所侵略之国之资财供给之耳。即如我国每年购外货二十万万之巨款，其中至少有半数为供敌国海陆军之饷源，及炸弹军械之材料也。夫以钱供敌国，人皆不欲居此恶名，而竟有此事实者，欲念所驱使也，此心中之汉奸卖国贼也。诚能人人除心中之贼，使彼一切侵略之具无所用之，尔时各国之人，亦当觉悟此法之善而群起仿效，自除其奢侈之嗜好，废其无益之工业，裁其自杀之军备，相与还醇返本，睦邻修好，世界和平，可坐而致，而其消息则于各个人之克己制欲决之。欲念一时不停，则侵略国之饷源一日不竭，侵略一日不止。盖个人之欲念，影响于世界之治乱者，如此其巨也。顾亭林曰："国家兴亡，匹夫有责。"吾则曰："匹妇亦有责焉。"屏斥华美之服饰用具，勤俭刻苦，以激励男子，共造成良好之社会风习，培养国家之元气，保全世界之安宁，非吾女子之责乎？愿吾女同胞勿以其为老生常谈而忽视之也。

在这篇文章中，曾纪芬首先提出风尚奢俭，事关社会治乱盛衰。接着，她以自己亲身经历，讲到父亲曾国藩统兵十余万，但坚持"以廉率属，以俭治家，誓不以军中一钱寄家用，竟能造为风气"。又讲到父亲曾国藩以廉俭治家的具体表现，如家中零用、修缮、衣着、婚嫁，都极为俭朴，同时，父亲对子女的要求极为严格。她认为"余既早受此等训育，终身以为习惯"。在文中，曾纪芬也批评了清慈禧太后六十大寿，移国防之费，以兴建筑，结果"旋即有中日之战，割地赔款，国势从此不振"。她说："一人稍存侈泰之心，而影响如此之巨。"认为这是非常可怕的。然而，更可怕的是，甲午战败后，国人不知警戒，致使社会奢侈之风，日甚一日。她也反对社会盲目学习西方的穿着、婚礼排场，认为，"此毒深入脏腑，爱国观念，无形消灭，欲保民族之独立难矣。"接着，曾纪芬以中国古代和西方那些有作为的政治家、思想家、科学家为例，证明"德业事功有成就者，莫不对于一己深自贬抑，使肉体享用至最小程度"。最后，她从顾炎武的那句"国家兴亡，匹夫有责"，提出"匹妇尤有责焉"。认为，"屏斥华美之服饰用具，勤俭刻苦，以激励男子，共造成良好之社会风习，培养国家之元气，保全世界之安宁，非吾女子之责乎？"最后，她发出呼吁"愿吾女同胞勿以其为老生常谈而忽视之也"。

曾纪芬的这篇《廉俭救国说》，从其精神上，可以说直接继承了乃父曾国藩的家训，同时，又有了发展，将视野从一个家族扩大延伸到一个国家的兴衰。正因为如此，我们要在中国家训文化史上，为曾纪芬记下这重要的一笔。

2. 左宗棠家训

左宗棠（1812—1885），清末洋务派和湘军首领。字季高，湖南湘阴人。道光举人。先后任浙江巡抚、闽浙总督、陕甘总督，1875年（光绪元年）以钦差大臣督办新疆军务，率军讨伐阿古柏，收复乌鲁木齐、和阗（今和田）等地，阻遏俄英对新疆的侵略。1881年任军机大臣，调两江总督兼通商事务大臣。中法战争中督办福建军务，病死于福州。先后创办福州船政局、兰州机器织呢局等新式企业。有《左文襄公全集》。

左宗棠于同治六年（1868）和光绪元年（1875）先后两次向上海洋商和外国洋行或银行借款，用于镇压西捻军、回民军和出征新疆。光绪八年（1883），以两江总督兼通商大臣身份到达上海，驻江南制造总局，至吴淞口巡阅兵船，与彭玉麟奏陈长江海口防务，奏准宝山、华亭（今松江）各塘新出险工，于受益民田摊征济用。九年（1884），又到上海，巡阅吴淞炮

台，赴袁浦查勘河工，验海堤。采取措施增强海防。奏准在川沙、上海、宝山、崇明、嘉定、金山、奉贤、南汇等厅州县渔户水手中，编保甲，选水勇，调新募湘军往吴淞加强防守。奉命办理南洋防务，调阅崇明、宝山、川沙、上海、奉贤、南汇、金山等处渔团和吴淞口水勇。

1836年（道光十六年），23岁的左宗棠写下一副著名的对联：

> 身无半亩，心忧天下；
>
> 读破万卷，神交古人。

这副对联，充分表达了青年左宗棠的胸襟和抱负，也成为左宗棠留给家人与后代的家训。

左宗棠有四个儿子，为左孝威、左孝宽、左孝勋、左孝同。左宗棠一生尽管戎马倥偬，但对子女的督教从来就没有放松过，可以说既严格又亲切。他一生写了一百多封家书，内容大多集中在教育子女读书、惜时、立志、治事和为人处世等方面。如咸丰十年（1861），他写信给孝威、孝宽：

　　世局如何，家事如何，均不必为尔等言之。惟时刻难忘者，尔等近年读书无甚进境，气质毫未变化；恐日复一日，将求为寻常子弟而不可得，空负我一片期望之心耳。夜间思及，辄不成眠。今复为尔等言之。尔等能领受与否，则我不能强之，然固不能已于言也。

　　读书要目到、口到、心到。尔读书不看清字画偏旁，不辨明句读，不记清首尾，是目不到也。喉、舌、唇、牙、齿五音，并不清晰伶俐，朦胧含糊，听不明白，或多几字，或少几字，只图混过就是，是口不到也。经传精义奥旨，初学固不能通，至于大略粗解，原易明白，稍肯用心体会，一字求一字下落，一句求一句道理，一事求一事原委，虚字审其神气，实字测其义理，自然渐有所悟。一时思索不得，即请先生解说；一时尚未融释，即将上下文或别章别部义理相近者反复推寻，务期了然于心，了然于口，始可放手，总要将此心运在字里行间，时复思绎，乃为心到。今尔等读书总是混日子，身在案前，耳目不知用到何处。心中胡思乱想，全无收敛归着之时，悠悠忽忽，日复一日，好似读书是答应人家功夫，是欺哄人家，掩饰人家耳目的勾当。昨日所不知不能者，今日仍是不知不能，其去年所不知不能，今年仍是不知不能。孝威今年十五，孝宽今年十四，转眼就长大成人矣。从前所知所能者，究竟能比乡村子弟之佳者否？试自忖之。

　　读书做人，先要立志。想古来圣贤豪杰是我者般年纪时，是何气象？是何学问？是何才干？我现在那一件可以比他？想父母送我读书，延师训课，是何志愿？是何意思？我那一件可以对父母？看同时一辈人，父母常背后夸赞者，是何好样？斥詈者，是何坏样？好样要学，坏样断不可学。心中要想个明白，立定主意，念念要学好，事事要学好，自己坏样一概猛省猛改，断不许少有回护，不可因循苟且。务期与古时圣贤豪杰少小时志气一般,方可慰父母之心,免被他人耻笑。志患不立,尤患不坚。偶然听一段好话,听一件好事,亦知歆动羡慕,当时亦说我要与他一样,不过几日几时,此念就不知如何销歇去了。此是尔志不坚,还由不能立志之故。如果一心向上,有何事业不能做成?

陶桓公有云:"大禹惜寸阴,吾辈当惜分阴。"古人用心之勤如此。韩文公云:"业精于勤,荒于嬉。"凡事皆然,不仅读书,而读书更要勤苦。何也? 百工技艺、医学、农学,均是一件事,道理尚易通晓;至吾儒读书,天地民物莫非己任,宇宙古今事理,均须融澈于心,然后施为有本。人生读书之日最是难得,尔等有成与否,就在此数年上见分晓。若仍如从前悠忽过日,再数年依然故我,还能冒读书名色充读书人否? 思之,思之!

天地正气

孝威气质轻浮，心思不能沉下，年逾成童而童心未化，视听言动，无非一种轻扬浮躁之气。屡经谕责，毫不知改。孝宽气质昏惰，外蠢内傲，又贪嬉戏，毫无一点好处可取。开卷便昏昏欲睡，全不提醒振作。一至偷闲玩耍，便觉分外精神。年已十四，而诗文不知何物，字画又丑劣不堪。见人好处，不知自愧，真不知将来作何等人物！我在家时常训督，未见悛改。我今出门，想起尔等顽钝不成材料光景，心中片刻不能放下。尔等如有人心，想尔父此段苦心，亦知自愧自恨，求痛改前非以慰我否？亲朋中子弟佳者颇少，我不在家，尔等在塾读书，不必应酬交接，外受傅训，入奉母仪可也。

读书用功，最要专一无间断。今年以我北行之故，亲朋子侄来家送我，先生又以送考耽误功课，闻二月初三、四始能上馆。所谓一年之计在于春者又去月余矣！若夏秋有科考，则忙忙碌碌又过一年，如何是好？今特谕尔：自二月初一日起，将每日功课，按月各写一小本寄京一次，便我查阅。如先生是日未在馆，亦即注明，使我知之。屋前街道，屋后菜园，不准擅出行走。如奉母命出外，亦须速出速归。"出必告，反必面"，断不可任意往来。

左宗棠这封信通篇讲读书、立志。当时孝威15岁，孝宽14岁，都是贪玩的年龄，在读书方面下的功夫不多，左宗棠"夜间思及，辄不成眠"。我们从字里行间真可体会到一个父亲期盼儿子读书上进的拳拳之心。

左宗棠首先讲了读书的要领，要目到、口到、心到。而孝威、孝宽"读书总是混过日子"，耳、目、心都不到。对此，左宗棠对儿子提出了批评，要儿子思考一下，自己"究竟能比乡村子弟之佳者否"？接着，左宗棠向儿子提出"读书做人，先要立志"，要儿子"立定主意，念念要学好，事事要学好"，而对自己的缺点坏样，应该"一概猛省猛改"，也就是说要不断反省自己,改正缺点,断不能对自己缺点存"回护"之心,不可因循苟且。左宗棠还说"志患不立,尤患不坚",一个人最怕没有志向,更怕立志不坚。在信中,做父亲的对儿子的缺点进行了直率严厉的批评,如说孝威"气质轻浮,心思不能沉下",孝宽"气质昏惰,外蠢内傲,又贪嬉戏"所以左宗棠每当想起儿子"顽钝不成材料光景,心中片刻不能放下"。鉴于儿子读书学习的实际情况,左宗棠向儿子提出要求,要兄弟俩将每日功课,按月各写一小本寄给他,以便他查阅。左宗棠的这封家信写得很长,言辞切切,体现了他对子女教育的关心和重视。

左宗棠要求儿子从小努力读书,立志高远,但他也诫孩子徒尚空谈。同治二年(1863),他写信给孝威,告诫说:

小时志趣要远大,高谈阔论固自不妨,但须时时返躬自问:我口边是如此说话,我胸中究有者(即"这"、"此"——著者注)般道理否?我说人家作得不是,我自己作事时又何如?即如看人家好文章,亦要仔细去寻他思路,摩他笔路,仿他腔调。看时就要着想:要是我做者篇文字必会是如何,他却不然,所以比我强。先看通篇,次则分起,节节看下去,一字一句都要细心体会,方晓得他的好处,方学得他的好处,亦是不容易的。心思能如此用惯,则以后遇大小事到手,便不至粗浮苟且。我看尔喜看书,却不肯用心。我小来亦有此病,且曾自夸目力之捷,究竟未曾子细,了无所得,尔当戒之。

对孩子的交友,左宗棠也很关心。在咸丰十年(1861)给孝威、孝宽的信中,他要求"同学之友,如果诚实发愤,无妄言妄动,固宜引为同类。倘或不然,则同斋割席,勿与亲昵为要",也就是说,他要孝威、孝宽和发愤读书追求上进者为伍,否则,宁可和有些同学割席断谊,绝不能同流合污。

同治三年（1864）十月二十九日，左宗棠在给孝威的信中，向儿子提出，交友要交那些在各方面胜过自己的人。他说："至交友，必择[其]胜我者，一言一动必慎其悔，尤为切近之图，断不可旷言高论，自蹈轻浮恶习，不可胡思乱作，致为下流之归。儿当谨记吾言，不复多告。"

关于治家，左宗棠强调孩子不要仰赖父辈余荫而败坏家风。同治八年（1869）四月二十四日，他在给孝威的信中说：

> 吾愿尔兄弟读书做人，宜常守我训。兄弟天亲，本无间隔，家人之离起于妇子。外面和好，中无实意，吾观世俗人多由此而衰替也。我一介寒儒，忝窃方镇，功名事业兼而有之，岂不能增置田产以为子孙之计？然子弟欲其成人，总要从寒苦艰难中做起，多蕴酿一代，多延久一代也。西事艰阻万分，人人望而却步，我独一力承当，亦是欲受尽苦楚，留点福泽与儿孙，留点榜样在人世耳。尔为家督，须率诸弟及弟妇加意刻省，菲衣薄食，早作夜思，各勤职业。樽节有余，除奉母外润赡宗党，再有余则济穷之孤苦。其自奉也至薄，其待人也必厚。兄弟之间情文交至，妯娌承风，毫无乖异，庶几能支门户矣。时时存一倾覆之想，或可保全；时时存一败裂之想，或免颠越。断不可恃乃父，乃父亦无可恃也。

在这封信中，左宗棠明确向儿子提出，要他们读书做人，常守家训。首先，他要求兄弟之间团结和睦。其次，他表示自己为一方大员，完全有能力多置田产留给子孙，但他明确告诉孩子，"子弟欲其成人，总要从寒苦艰难中做起"，不要指望仰赖父亲的余萌。他要孩子"断不可恃乃父，乃父亦无可恃也"，他要求孝威作为长子，尽到"家督"的责任，"率诸弟及弟妇加意刻省，菲衣薄食，早作夜思，各勤职业"。最后，他要求全家能够居安思危，"时时存一倾覆之想"，"时时存一败裂之想"。这封信是左宗棠鉴于许多家庭的衰替亡败而给子女的忠告,体现了左宗棠治家的严格和见解的深刻。

在光绪二年(1876)五月元日,左宗棠写信给孝宽,又重申儿子要以耕读独立,自谋生计。他说:

吾积世寒素,近乃称巨室。虽屡申儆不可沾染世宦积习,而家用日增,已有不能撙节之势。我廉金不以肥家,有余辄随手散去,尔辈宜早自为谋。大约廉余拟作五分,以一为爵田,余作四分均给尔辈,已与勋、同言之,每分不得过五千两也。爵田以授宗子袭爵者,凡公用均于此取之。吾平生志在务本,耕读而外别无所尚。三试礼部,既无意仕进,时值危乱,乃以戎幕起家。厥后以不求闻达之人,上动天鉴,建节赐封,悉窃非分。嗣复以乙科入阁,在家世为未有之殊荣,在国家为特见之旷典,此岂天下拟议所能到?此生梦想所能期?子孙能学吾之耕读为业,务本为怀,吾心慰矣。若必谓功名事业、高官显爵无忝乃祖,此岂可期必之事,亦岂数见之事哉?或且以科名为门户计,为利禄计,则并耕读务本之素志而忘之,是谓不肖矣!

左宗棠在信中,要子孙学他"耕读为业,务本为怀",是非常有远见的。左宗棠为举人出身,没有中过进士,但他的地位和权势却远在一般进士出身的人之上。他知道这种"殊荣"、"旷典"不是人人都能获得的。如果自己的孩子读书的目的最终是"为门户计,为利禄计",很可能连谋生自立的能力都丧失了,所以他向孩子明确提出了自己"耕读务本"的家训,要子弟遵守。

左宗棠的家训和"耕读务本"的家风,对后代产生了积极影响。在他的后人中,特别是到第四代、第五代,以当教师和医生居多。左宗棠的第四代孙左景鉴,生于1909年9月,14岁考入湖南长沙明德中学,1937年毕业于上海医学院。抗日战争时期，左景鉴和夫人都参加了国际红十字总会救护医疗大队，左景鉴还担任了第三十八医疗队队长，在全国各地积极开展战场救护伤员工作，救护了大批同胞和抗日战士。建国以后，左景鉴借调到中央军委卫生部，参加了抗美援朝、保家卫国的伟大斗争。回国后担任上海中山医院副院长、外科学教授。1956年奉命到重庆创建重庆医学院和附属医院，并出任附属第一医院的首任院长。在重庆还担任中国农工民主党重庆市委主委，历任第三届全国人大代表，第五、第六届全国政协委员。

左景鉴自幼父母早亡，幼年和上大学时生活一直很艰苦，但他牢记祖先左宗棠"耕读务本"的家训。他经常教育儿女说："虽然祖辈做大官，但没有给我们后人留下什么家产，留下的就是爱国的精神和勤俭节约的家风。"[1] 他反复教导儿女生活上要克勤克俭，凡事都要自己去克服困难。左景鉴像他祖上左宗棠一样，对孩子的读书习字抓得很紧。据左景鉴的女儿左焕琛回忆，父亲在她小时候手把手地教她写毛笔字，教她悬臂和握笔的姿势，还要求别人从后抽笔杆。

左景鉴律己严格。1956年他奉命到重庆领导筹建新医院，临走之前，将整套复式的大型公寓房全部交回给组织，要求女儿左焕琛住宿学校，独自学习和生活。1962年，左焕琛从上海第一医学院毕业，被分配到人体解剖教研组，当时左焕琛思想有情绪，认为毕业了却不能做医生，却要整天与尸体打交道，又累又脏，想通过父亲的关系调到其他教研组，但左景鉴不徇私情，耐心地劝导女儿，向女儿指出，解剖学的工作虽然又脏又累，但它是医学基础的重要学科，要女儿克服困难，努力学习。

在"文革"期间，左景鉴被打成"反动学术权威"而遭批斗。1968年，儿子左焕琮从北京医学院毕业，被分配到甘肃山丹军垦农场工作，左景鉴

---

[1] 左焕琛：《怀念父亲左景鉴》，《解放日报》，2010年1月9日。

鼓励儿子到艰苦的地方去锻炼、去工作。1995年，组织上决定调左焕琛到上海市卫生局工作，左焕琛很犹豫，对自己从事的医学临床和教学工作割舍不下。左景鉴知道以后，语重心长地对女儿说："组织上对你信任，你就好好地为百姓多做些事吧。"[1]

1995年左宗棠逝世180周年纪念，受湖南省政协邀请，左景鉴夫妇参加了纪念活动，并受到中央领导同志的接见。作为左宗棠的后代，左景鉴继承和发扬了先祖的遗训和家风。他逝世以后，子女在父母的墓碑上刻着"爱国敬业，医坛建功绩；言传身教，为国育英人"。这也确实是左景鉴一生的写照。

左景鉴生有两个女儿，一个儿子。大女儿左焕琛，复旦大学医学院教授，博士生导师，曾任上海市副市长、上海市政协副主席、农工党中央副主席。谈到先祖左宗棠，她曾说："我们家庭一直非常强调左宗棠的清廉从政与爱国主义，尽管他没给我们留下丰厚的财产，但他的清廉与爱国让左家几代人都非常骄傲。"[2]儿子左焕琮，我国著名胃肠肛肠外科专家，清华大学第二附属医院院长、教授、博士生导师。他们作为左宗棠的第五代孙，继承并发扬光大了先祖留下的遗训和门风。

3. 章太炎家训

章太炎（1869—1936），中国民主革命家、思想家、学者。名炳麟，字枚叔，太炎为其号。浙江余杭人。1897年（清光绪二十二年）任《时务

---

① 左焕琛：《怀念父亲左景鉴》，《解放日报》，2010年1月9日。
② 《左宗棠玄孙女左焕琛》，引自《湖南名人网》，2007年6月25日。

报》撰述，因参加维新运动被通缉，流亡日本。1900年剪辫发立志革命。1903年因发表《驳康有为论革命书》和为邹容《革命书》作序，被捕入狱。1904年与蔡元培等发起成立光复会。1906年出狱后被孙中山迎至日本，参加同盟会，主编《民报》，与改良派展开论战。1909年（宣统元年），与陶成章等改用光复会名义活动。次年设总部于东京，被推为会长。1911年上海光复后回国，主编《大共和日报》，并任孙中山总统府枢密顾问。1913年宋教仁被刺后参加讨袁，被袁世凯禁锢，袁死后获释。1917年参加护法军政府，任秘书长。1924年脱离孙中山改组的国民党。1935年在苏州设章氏国学讲习会。晚年赞助抗日救亡运动。1936年6月14日，在苏州病逝。

章太炎生于浙江，但他有相当长的时间是在上海度过的。1896年（光绪二十二年）8月9日，《时务报》在上海创刊，梁启超任主笔。第二年，即1897年（光绪二十三年）1月，30岁的章太炎开始来到上海，在时务报馆任职。后来他许多重大活动都在上海。可以说章太炎事业的辉煌都成就于上海。

章太炎自幼接受了章家门风的熏陶。曾祖父章均，字安溥，生于乾隆盛世，家境殷实。但章均自奉节俭，经常训诫弟子不得沉溺于华衣酒食，也不要沾染不良嗜好。祖父章鉴，字晓湖，喜欢搜集古籍书刊，家中收藏大量宋、元、明版本的书籍。在家勤督子弟诵读古书。又喜医术，遍购古今医书，为亲朋好友和乡里免费诊治，即使在兵荒马乱之际，仍坚持为平民看病，在家乡享有声誉。章太炎晚年潜学研究医学，可以说是家学有自。章太炎的父亲章濬，字轮香，一作楞香。从小刻苦好学，遍阅家中丰富的藏书，有着很深的汉学修养，曾在著名的杭州诂经精舍担任多年监院，职掌精舍监察。章濬曾立家训，告诫子女：

妄自卑贱，足恭谄笑，为人类中最佣下者。吾自受业亲教师外，未尝拜谒他人门墙。汝曹当知之。精研经训,博通史书,学有成就,乃称名士。徒工词章,尚不足数,况书画之末乎?然果专心一艺,亦足自立,若脱易为之,以眩俗子,斯即谓斗方名士,慎勿堕入。①

章濬对子女的训诫,一是要求人格自尊,不能妄自卑贱,自轻于人;二是要求精研经史,反对子女徒工词章,要孩子"学友成就,乃称名士",不要堕入"斗方名士"泥沼。父亲的家训,无疑对从章太炎日后人品气节和学问修养看,产生了重要影响。

作为一个民主革命家,章太炎有着强烈的民族观念。这和他家庭训教是分不开的。早在他九岁时,就系统接受外祖父朱有虔的教育,萌发了最初的民族思想。到了十四五岁时,已有"逐满之志"。朱有虔字左卿,他国学根底深厚,治学严谨,又富有民主主义思想。章太炎从九岁起,从外祖父读书四年,在外祖父的严格要求下,章太炎在国学方面打下了良好的基础。外祖父在教学之余,喜欢给章太炎讲故事,如明末清初有名的爱国主义思想家黄宗羲、顾炎武、王夫之等人的事迹。张秀丽在《大儒章太炎》中曾记载了章太炎和外祖父之间的一段对话:

有一天,章太炎翻阅到蒋良骐的《东华录》,其中记载有吕留良、戴名世、曾静、查嗣庭等人的"文字狱"事件,他不能理解。外祖父便给他讲解,并告诉他这里面所暗含的民族隐痛。外祖父感叹地说:"夷夏之防,同于君臣之义。"章太炎听后,好奇地追问:"以前的人有说过类似的话吗?"外祖父严肃地说:"有过,王船山、顾炎武早就说过,尤其是王船山的话,更是说得透彻。顾炎武说:'历代亡国,无足轻重,只有南宋的灭亡,

---

① 引自张秀丽:《大儒章太炎》,华文出版社,2009年1月出版,第4页。

连衣冠文物亦一起灭亡了。'"章太炎听着这些话，大胆地对祖父说出自己的想法："明朝亡于清朝，倒不如亡给李闯了。"这样的话从小孩子嘴里说出来，着实让外祖父大大吃了一惊。他悄悄地告诉外孙："如果李闯真的夺了明朝的天下，李闯虽然不是好人，但他的子孙却未必都不好。但现在不必作这种议论。"[①]

后来章太炎在回忆往事的时候说："余之革命思想即伏根于此，依外祖父之言观之，可见种族革命思想原在汉人心中，惟隐而不显耳。"[②]

章太炎民族革命思想的形成，也受到父亲的影响。章太炎13岁时，外祖父回海盐老家去了，章太炎父亲章濬亲自担负起课子苦读的责任。章太炎曾在父亲的书架上读到过《明季稗史》17种，其中的《烈皇小识》、《扬州七日记》、《嘉定屠城纪略》等，详细记载了明朝亡国和清军入关屠杀汉族民众的情形，这更加深了他排满的信念。更使他心头受到震动的是父亲临死之前的遗嘱。光绪十六年（1890年），父亲章濬病重，临死之前留下了遗嘱：

　　吾家入清已七八世，殁皆用深衣敛，吾虽得职事官，未尝诣吏部，吾即死，不敢违家教，无加清时章服。[③]

所谓"深衣"，就是士大夫平时闲居时所穿之衣，上衣和下裳相连。父亲临死之前留下遗嘱，"用深衣敛"，"无加清时章服"，给了当时只有23岁的青年章太炎以极大的刺激。章太炎日后成为反清排满的民族斗士，

① 引自张秀丽：《大儒章太炎》，华文出版社，2009年1月出版，第6页。
② 同上书。
③ 汤志钧编：《章太炎年谱长编》（上），中华书局，1979年出版，第10页。

是和家训、祖父辈的言传身教分不开的。

1936年6月14日，章太炎病重逝世于苏州，口授遗言："设有异族入主中夏，吾家世代子孙毋食其官禄。"[①]，体现了他崇高的民族气节，也实践了父亲留下的家训和遗言。

章太炎生前曾留下遗愿，希望死后葬在抗清英雄张苍水墓侧。张苍水（1620—1664），名煌言，字玄著，号苍水，南明大臣。在明亡以后拥鲁王监国，率部抗异族入侵，长达20年。清康熙三年（1664年），因见大势已去，遣散余部，隐居南田（今浙江象山），誓不为清朝子民。不久被俘，被害于杭州。章太炎一向对张苍水充满敬意，曾为《张苍水集》作跋。章太炎逝世之际，正值抗战，灵柩无法按照他遗愿安葬，只得暂厝于苏州章氏寓所后花园。1955年4月3日，浙江省人民政府正式为章太炎举行了安葬仪式，灵柩迁葬于湖州西湖边南屏山荔枝峰下，与张苍水墓比邻，实现了章太炎的遗愿。1981年，章太炎墓被浙江省人民政府列为省级重点文物保护单位，1983年3月，余杭市政府拨出专款在仓前镇重修章太炎故居，并确定为爱国主义教育基地。1988年1月12日，杭州章太炎纪念馆落成开馆；1993年5月，该馆被命名为杭州市爱国主义教育基地；1996年5月，又被命名为浙江省爱国主义教育基地。

4. 梁启超家训

梁启超（1873—1929），中国近代维新派领袖，学者。字卓如，号任公，又号饮冰室主人。广东新会人。清光绪帝举人。和其老师康有为一

---

① 汤志钧编：《章太炎年谱长编》（下），中华书局，1979年出版，第975页。

起，倡导变法维新，并称康梁。其著作编为《饮冰室合集》。

梁启超于清光绪十六年（1890年），赴北京参加会试落第，归途经上海，购读西书译本，返粤从学于康有为。二十二年（1896年），又到上海，任《时务报》主笔，发表《变法通议》等重要论文，阐发维新变法理论，成为康有为的主要助手。二十三年（1897年），在上海编辑出版《西政丛书》，并同康广仁筹设大同书局。赴湖南长沙任时务学堂中文总教习。二十四年（1898年），因病至上海就医，病愈后赴北京，以六品衔办理京师大学堂译书局事务，奏准于上海设编译学堂。戊戌变法失败后，逃亡日本，于横滨创立《清议报》，宣传改良与保皇。二十六年（1900年），返抵上海，谋救援唐才常起事未成，复往海外。三十年（1904年），由香港回到上海，筹办《时报》，旋赴日本。三十三年（1907年），又秘密来到上海，拟联络岑春煊及预备立宪公会不果，重往日本。1915年，在上海创办《大中华》杂志。晚年在天津南开大学、北京清华学校讲学。

梁启超自幼受到良好的家庭教育，这种教育，一是道德品德；二是文化

＊ 梁启超

知识。尤其是在道德教育方面，对梁启超日后影响很大。梁启超从四五岁起，就跟随祖父梁维清读书，晚上和祖父共眠。祖父在教他读书之余，每天给年幼的梁启超讲解古代豪杰哲人的嘉言懿行，尤其是给梁启超讲亡宋亡明国难之事。给了梁启超以极大的爱国家、爱民族的教育。据梁启超的弟弟梁启勋在《曼殊室戊辰笔记》记梁启超在6岁以后受祖父的户外教育情形说：

> 吾乡有一庙宇，中藏古画四十几幅，……写历史上二十四忠臣、二十四孝子故事。……每年灯节辄悬之以供众览。……上元佳节，祖父每携诸孙入庙，指点而言之曰："此朱寿昌弃官寻母也，此岳武穆出师北征也。"岁以为常。高祖毅轩之墓在崖门，每年祭扫必以舟往，所经过皆南宋失国时舟师震灭之故战场。途现一岩石突出于海中，土人各之曰奇石，高数丈。上刻元张宏范灭宋于此八大字。……舟行往返，祖父每与儿孙说南宋故事，更朗诵陈独麓山木萧萧一首。至"海水有门分上下，关山无界限华夷"，辄提高其音节，作悲壮之声调，此受庭训时之户外教育也。[①]

梁启超在1902年11月写的《三十自述》，写到自己的家乡时说：

> 余乡人也，于赤县神州，有当秦汉之交，屹然独立群雄之表数十年，用其他，与其人，称蛮夷大长，留英雄之名誉于历史上之一省。于其省也，有当宋元之交，我黄帝子孙与北狄异种血战不胜，君臣殉国，自沈崖山，留悲愤之记念于历史上之一县。是即余之故乡也。[②]

---

① 丁文江、赵丰田编：《梁启超年谱长编》，上海人民出版社，2009年4月出版，第5页。
② 朱正编：《名人自述》，东方出版社，2009年1月出版，第63页。

梁启超祖父给梁启超讲南宋失国时舟师覆灭和梁启超自述自己的家乡广东新会"有当宋元之交,我黄帝子孙与北狄异种血战不胜,君臣殉国,自沈崖山"之事,是指南宋大臣陆秀夫在临安陷落后,与张世杰等立赵昺为帝,在厓山坚持抗元斗争。厓山被攻破时,陆秀夫背负赵昺投海死,君臣殉国,写下了抗元斗争悲壮的一页。从梁启超对自己家乡介绍的字里行间,我们依然可以看到其祖父对他所讲的亡宋亡明国难之事对梁启超所产生的深刻影响。

　　祖父对梁启超的教育和影响,除了爱国、爱民族以外,是多方面的。据梁启超自己回忆:"大父(即祖父——著者注)每月朔必率子孙瞻祠宇,谒祖先,遇家讳辄素服不饮酒,不食肉,岁以为常。……大父者父者八人,大父居次,实嫡出。曾王父弃养后,各分遗产,有谓嫡子宜多取者,大父不听,率与继母庶母子均,人多诵之。……若夫勤俭朴实,其行己也密,忠厚仁慈,其待人也周,其治家也严,而训子也谨,其课诸孙也详而明,此固大父生平之梗概。"① 应该说,祖父对先人的崇敬,不以嫡庶之别多拿遗产,勤俭朴实,忠厚仁慈,治家严格,训子认真,课子详明等,都对梁启超的人格和一生事业,产生了积极作用。

　　对梁启超的道德品质具有深刻影响的,是他的母亲。据梁启超回忆,梁启超幼时深受祖父母和父母的钟爱,很少受到责骂,更不要说挨鞭挞了。然他还是在长辈那里挨过三次鞭挞,其中给他留下最深印象的,就是被母亲的鞭挞。梁启超说:"我家之教,凡百罪过,皆可饶恕,惟说谎话,斯断不饶恕。"也就是说,不说谎话,成为梁家的家训。但梁启超在六岁时,说了一句谎话,不久即被母亲发现。当时,梁启超的父亲在省城应试。晚饭后,梁启超被母亲传到卧房,严加盘诘。梁启超母亲,温良之德,一乡皆

---

① 丁文江、赵丰田编:《梁启超年谱长编》,上海人民出版社,2009年4月出版,第6页。

* 位于天津河北区民族路四十四号的梁启超故居

知，平时对梁启超又疼爱有加。但这次表现出的盛怒之状，梁启超从未见过。结果，梁启超被母亲用鞭子狠狠抽打了十下。打后又训诫梁启超说，"汝若再说谎，汝将来便成窃盗，便成乞丐。"接着又教训说：

凡人何故说谎？或者有不应为之事，而我为之，畏人之责其不应为而为也，则谎言吾未尝为；或者有必应为之事，而我不为，畏人之责其应为而不为也，则谎言吾已为之。夫不应为而为，应为而不为，已成罪过矣。若己不知其为罪过，犹可言也，他日或自能知之，或他人告之，则改焉而不复如此矣。今说谎者，则明知其为罪过而故犯之也。不惟故犯，且自欺欺人，而自以为得计也。人若明知罪过而故犯，且欺人而以为得计，则与窃盗之性质何异？天下万恶，皆起于是矣！然欺人终必为人所知，将来人人皆指而目之曰，此好说谎话之人也，则无人信之。既无人信，则不至成为乞丐焉而不止也。①

梁启超的母亲可谓教子有方。儿子说谎，看起来似是寻常人家常见之事，但在母亲看来，问题很严重，是明知故犯，是自欺欺人，发展下去与窃盗何异？欺人即失信，失信之人，则无人信之，其结果只能沦为乞丐之流。见微知著，以小鉴远。梁启超母亲训子的另一高明之处在于不是对儿子仅仅施以鞭挞了之，而是给儿子讲道理，让他在皮肉痛楚之余，多从思想上反省。事实上，母亲的此番教训确实起到了作用。梁启超说："我母此段教训，我至今长记在心，谓为千古名言。"梁启超的这段文字，是在母亲逝世将近30年时写下的，一边写思母泪水沾满字笺。他感叹道："母

---

① 引自朱正编：《名人自述》，东方出版社，2009年1月出版，第62页。

之教训,实不易多得。"①

在中国近代的家族家庭教育方面,梁启超家庭可以说是一个奇迹。梁启超生有九个子女,可以说人人成才,各有所长。

长女梁思顺(1893—1966),自幼爱好诗词和音乐,从小就受到父亲的教育,编有《芝蘅馆词选》。此书1908年(光绪三十四年)初版,抗日战争前和1949年后曾多次出版。

长子梁思成(1901—1972),著名建筑学家,生于日本。早年入清华学堂学习,1924年赴美国留学,毕业于宾夕法尼亚大学建筑系,获硕士学位。回国后在东北大学创办了我国北方的第一个建筑系。他是第一个运用现在科学方法,对我国古建筑进行分析研究的学者,也是我国第一部《中国建筑史》的作者,他还用英文为外国读者写了一本通俗易懂的《中国建筑史图录》。抗战胜利后创办了清华大学建筑系,1948年当选为第一届中国科学院院士。解放后他领导并参加了国徽图案及人民英雄纪念碑的设计工作。1952年任北京市政协副主席。又先后担任全国政协常委、全国人大常委、中国科学院学部委员等职。

次子梁思永(1904—1954),著名考古学家。生于澳门。1923年毕业于清华学校留美预备班,随后赴美国哈佛大学研究院攻读考古学和人类学。1930年哈佛大学毕业后,回国参加中央研究院历史语言研究所考古组工作。1934年出版的由他主笔的《城子崖遗址发掘报告》是我国首次出版的大型田野考古报告集。他于1948年当选为第一届中国科学院院士,1950年8月被任命为中国科学院考古研究所副所长。著名考古学家夏鼐称梁思永是中国第一个受到西洋的近代考古学正式训练的学者,著名考古学

① 引自朱正编:《名人自述》,东方出版社,2009年1月出版,第62页。

* 梁启超夫人李蕙仙和子女思成、思永、思顺合影

家安志敏说他是中国近代考古学和近代考古教育的开拓者之一。

三子梁思忠（1907—1932），生于日本，后毕业于美国弗吉尼亚陆军学院和西点军校，回国后任国民党十九路军炮兵校官。1932年患病逝世，年仅25岁。

次女梁思庄（1908—1986），著名图书馆学家，生于日本。先后获加拿大蒙特利尔麦基尔大学文学学士学位、美国哥伦比亚大学图书馆学院图书馆学士学位。1931年学成回国，1936年任燕京大学图书馆西文编目组组长、主任和图书馆主任等职。1952年院系调整后，任北京大学图书馆副馆长，1980年当选为中国图书馆学会副理事长。是全国公认的西文编目首屈一指的专家。

四子梁思达（1912—2001），生于日本，1935年毕业于南开大学经济系，后留校作研究生，于1937年毕业，长期从事经济学研究。1965年主编了《旧中国机制面粉工业统计资料》一书。

三女梁思懿（1914—1988），早年在燕京大学读书，初念医科，后转入历史系。曾参加中国共产党的外围组织"民族解放先锋队"，是"一二·九"运动中的学生骨干。1941年到美国学习美国历史，1949年回国，曾任中国红十字会对外联络部主任，为第六届全国政协委员。

四女梁思宁（1916—2006），生于上海，在南开大学读一年级时因日军轰炸学校而失学。1940年在姐姐梁思懿的影响下投奔新四军，参加了革命。

五子梁思礼，1924年生于北京，是梁启超最小的孩子，著名火箭控制系统专家。1941年随姐姐梁思懿赴美留学，先后在普渡大学获学士学位，在辛辛那提大学获硕士和博士学位，1949年回国，1956年任国防部第五研

* 梁启超的子女在日本横滨双涛园合影

究院导弹系统研究室主任。他领导和参加了我国多种导弹、运载火箭的控制系统研制试验，是我国航天事业的开拓者之一。1987年当选为国际宇航科学院院士，1993年当选为中国科学院院士，同年被选为第八届全国政协委员。1994年当选为国际宇航联合会副主席，1997年9月作为全国十名有突出贡献的老教授之一，获"中国老教授科教兴国贡献奖"。[①]

梁启超子女九人，除三子梁思忠早夭以外，个个都爱国向上，各自在自己的专业领域辛勤耕耘，为国奉献。尤其值得称道的是，竟有三个儿子当选中国科学院院士，这在中国家族史上也是不多见的。

梁家一门锦绣，除了儿女们的天赋和自身努力以外，和梁启超的家训、家教是分不开的。梁启超本人是个社会活动家、大学问家，从广东家乡而北京而上海，亡命日本，寄寓澳洲，萍踪飘零，居无定所，但他在投身政治活动、学术研究之余，从来就没有放松对子女的教育和训诫。我们可以从不同侧面来了解梁启超的家训和家教。

梁启超非常重视对子女的道德教育和砥砺。他秉承了祖父当年在他幼小时讲历史故事的门风。在日本流亡期间，他育有五个子女。到了晚上，只要有时间，他总是在晚饭后将孩子聚集在一起，给他们讲爱国英雄的故事，如南宋忠臣陆秀夫为忠于大宋保护幼主奋战元兵，最后被元兵逼到广州，走投无路，就在梁启超的老家新会沿海的悬崖上先将妻子推下海，然后背着幼主一起投海就义。陆秀夫背负幼主坠崖蹈海壮烈之举，梁启超从小就听祖父说过，现在他又将发生在他们家乡的这个爱国故事讲给身处日本的孩子们听，其用意是很明显的，就是要儿女们勿忘自己是炎

---

① 吴荔明：《梁启超和他的儿女们》，北京大学出版社，2009年1月出版，第105—111页。

黄子孙,是赤县神州子民。而这些民族英雄的精神,深深地影响着他的子女。长女梁思顺在父亲流亡日本时,曾在日本的女子师范读过书,能说一口流利的日本话。太平洋战争爆发前梁思顺曾在燕京大学教中文。北京被日寇占领后,日寇为了要封锁新闻,到每一家去查收音机,禁止大家收听短波。当时梁思顺一家住在燕园,当查到她们一家时,梁思顺用日语严厉地对日本兵说:"不许你们动我的无线电,不然我就把它砸烂。"面对梁思顺的凛然正气,日本兵被震住了,只得灰溜溜地走了。梁思顺怒退日本兵的消息不胫而走,立刻传遍燕园,极大地鼓舞了人们的士气。梁启超的九个子女,有7个曾留学美国,但都学成回来,报效国家,这和梁启超的家训和家教不是没有关系的。

孩子的读书求学,是梁启超在家教中花精力最多的。大女儿梁思顺(令娴),是唯一生在广东新会老家的。自幼受到良好的家教,梁启超亲自教她写字读书,教她写诗词,并助她写了很多诗词。还为她的书房起名"芝蘅馆"。在父亲的教导下,梁思顺具有深厚的古文根底。她编成的《芝蘅馆词选》曾被传诵一时。

梁启超除了亲自教子女读书习字学文化以外,为了提高充实子女的国学、史学基本知识水平,寓居天津时,他曾让梁思达、梁思懿、梁思宁休学一年,专门聘请了他在清华国学研究院的学生谢国桢先生来做家庭教师,在家里办起了补课学习组,教室就设在他的"饮冰室"书斋里。据梁思达回忆,补课的内容包括:国学,从《论语》、《左传》开始,至《古文观止》,一些名家的名作和唐诗的一些诗篇由老师选定重点诵读,有的还要背诵。每周或半月,写一篇短文。有时老师出题,有时可以自选题目。作文要用小楷毛笔抄正交卷。史学方面,从古代至清末,由老师重点讲解学习。书法方面,每天要临摹隶书碑帖拓片(张猛龙),写大楷二三张。这种补课,使梁思达等在国学、史学及书法方面取得了长足的进步。在补课期间，只要梁启超有时间，他会亲自给儿女讲解，每当这时，谢国桢就和梁思达等一起"坐而听"。据谢国桢回忆，当时"先生朗诵董仲舒《天人三策》，逐句讲解，一字不遗。余叹先生记忆力之强，起而问之。先生笑曰：'余不能背诵《天人三策》，又安能上万言书乎！'"① 可见梁启超对子女的文化知识学习重视到什么程度。

梁启超除了向儿女们传授知识外，还非常注意指导儿女做学问的方法，要求孩子们不仅要注意专精，还要注意广博。梁启超在给梁思成的信中说：

思成所学太专门了，我愿意你趁毕业后一两年，分出点光阴多学些常识，尤其是文学或人文科学中之某部门，稍为多用点工夫。我怕你因所学太专门之故，把生活也弄成近于单调，太单调的生活，容易厌倦，厌倦即为苦恼，乃至堕落之根源。②

梁启超又给孩子提出做学问"猛火熬"和"慢火炖"的两种方法。他在给梁思成的一封信中说：

凡做学问总要"猛火熬"和"慢火炖"两种工作，循环交互着用去。在慢火炖的时候才能令所熬的起消化作用融洽而实有诸己。思成，你已经熬过三年了，这一年正该用炖的工夫。不独于你身子有益，即为你的学业计，亦非如此不能得益。你务要听爹爹苦口良言。③

----

① 引自吴荔明：《梁启超和他的儿女们》，北京大学出版社，2009年1月出版，第286—288页。
② 引自上书，第41页。
③ 引自上书，第42—43页。

梁启超不主张儿女们做学问局限于专业，除了单纯的知识广博以外，他还要求孩子选一些娱乐的学问。他在给女儿梁思庄的信中写道：

专门学科之外，还要选取一两种关于自己娱乐的学问，如音乐、文学、美术等。据你三哥说，你近来看文学书不少，甚好，甚好。你本来有些音乐天才，能够用点功，叫他发荣滋长最好。姐姐来信说你用功太过，不时有些病。你身子还好，我倒不十分担心，但学问原不必太求猛进，像装罐头样子，塞得太多太急，不见得会受益。我方才教训你二哥，说那"优游涵饮，使得自之"那两句话，你还要记住受用才好。①

从这封信中可以看出，梁启超是很注意子女美育方面的学习和修养的。

梁启超教育子女的另一个重要方面，就是处世做人。梁启超要求孩子生活艰苦朴素，吃得起苦。他在给大女儿梁思顺夫妇的信中说：

生当乱世，要吃得苦，才能站得住（其实何止乱世为然），一个人在物质上的享用，只要能维持着生命便够了。至于快乐与否，全不是物质上可以支配。能在困苦中求出快活，才真是会打算盘哩。②

他要求孩子不要因为环境的困苦和舒服而堕落。他在写给梁思忠的信中说：

一个人若是在舒服的环境中会消磨志气，那么在困苦慄丧的环境中

---

① 引自吴荔明：《梁启超和他的儿女们》，北京大学出版社，2009年1月出版，第41—42页。
② 引自上书，第50页。

也一定会消磨志气。你看你爹爹困苦日子经过多少，舒服日子也经过多少，老是那样子，到底志气消磨了没有？……我自己常常感觉我要拿自己做青年的人格模范，最少也不要愧做你们姊妹弟兄的模范。我又很相信我的孩子们，个个都会受我这种遗传和教训，不会因为环境的困苦或舒服而堕落的。你若有这种自信力，便"随遇而安"的做。①

在这封信中，梁启超以自己的经历告诉孩子，无论是什么样的环境，都没有消磨意气，并提出自己要做青年人格模范，要做子女的模范。他也相信子女们也都会接受他的遗传和教训。这表明，梁启超的家训家教，并不是空言说教，而是身体力行，以身作则，为孩子做榜样，因而这样的家训家教才有感染力，才有教育作用。

对于子女的社交、择友，梁启超也提出自己的看法。他在给梁思庄的信中提出：

多走些地方（独立的），多认识些朋友，性格格外活泼些，甚好甚好。但择交是最要紧的事，宜慎重留意，不可和轻浮的人多亲近。庄庄（指梁思庄——著者注）以后离开家庭渐渐的远，要常常注意这一点。②

梁启超是个充满生活情趣的乐观主义者。他曾说："我生平对于自己所做的事，总是做得津津有味，而且兴会淋漓，什么悲观咧，厌世咧，这种字面，我所用的字典里头可以说完全没有。"他又说："我是个主张趣味主义的人，倘若用化学化分'梁启超'这件东西，把里头所含一种原素名

---

① 引自吴荔明：《梁启超和他的儿女们》，北京大学出版社，2009年1月出版，第50页。
② 引自上书，第50页。

叫'趣味'的抽出来,只怕所剩下仅有个零了。我以为:凡人必须常常生活于趣味之中,生活才有价值。若哭丧着脸捱过几十年,那么,生命便成沙漠,要来何用?"① 梁启超也要求自己的孩子生活得要有趣味,即便做学问也要有趣味。他写信给梁思成,专门谈了这个问题:

> 一个人想要交友取益,或读书取益,也要方面稍多,才有接谈交换,或开卷引进的机会。不独朋友而已,即如在家庭里头,像你有我这样一位爹爹,也属人生难逢的幸福,若你的学问兴味太过单调,将来也会和我相对词竭,不能领着我的教训,你全生活中本来应享的乐趣,也削减不少了。我是学问趣味方面极多的人,我之所以不能专积有成者在此,然而我的生活内容,异常丰富,能够永久保持不厌不倦的精神,亦未始不在此。我每历若干时候,趣味转过新方面,便觉得像换个新生命,如朝旭升天,如新荷出水,我自觉这生活是极可爱的,极有价值的。我虽不愿你们学我那泛滥无归的短处,但最少也想你们参采我那烂漫向荣的长处。②

很少有像梁启超这样讲家信写得那么真诚、那么坦率、那么富有感染力的。正是因为有梁启超自己的豁达开朗乐观身教在前,又有言传在后,因此,他的孩子都继承了乃父坚强乐观,情趣盎然的秉性。梁思成是建筑科学方面大师级的人物,但他精力充沛,风趣幽默,擅长美术,酷爱音乐,会钢琴、小提琴,还担任过清华大学管乐队队长吹第一小号。还带动了全家喜爱音乐,每逢假期兄弟们就把铜号带回家练习吹奏。梁思成还是体育运动的爱好者,曾在全校运动会上获跳高第一名,清华大学著名体育家

---

① 引自吴荔明:《梁启超和他的儿女们》,北京大学出版社,2009年1月出版,第40页。
② 引自上书,第50页。

马约翰教授到晚年还不忘梁思成在体育方面的专长。即使在恋爱婚姻方面，梁思成也要弄得惊天动地，他与林徽因的传奇浪漫婚恋引起多少人的嫉妒和艳羡。

第四章

上海无产阶级革命家家训

1. 瞿秋白家训

瞿秋白（1899—1935），中国无产阶级革命家，中国共产党的早期领导人。谱名懋淼，又名霜，江苏常州人。1917年入北京俄文专修馆学习，1920年以《晨报》记者身份访问苏俄，写了大量通讯，向国内介绍俄国十月革命的真实情况。1921年加入共产党，属俄共（布）党组织。同年6月22日至7月12日，共产国际第三次代表大会在莫斯科克里姆林宫举行，瞿秋白和张太雷等参加了大会，会间于7月6日见到列宁。1922年正式参加中国共产党。1923年1月回国，6月出席中共"三大"，主持党纲起草工作。7月，经李大钊介绍，到任上海大学学务长兼社会学系主任。9月当选为中共上海地委兼区执委会委员。1924年春，上海大学成立共产党支部，由中共上海地委直接领导，瞿秋白担任支部书记。1925年在上海参加中共第四次全国代表大会领导工作。五卅惨案后，同陈独秀、蔡和森等领导

* 瞿秋白1923年初回国留影

上海工人罢工。同年6月任上海《热血日报》主编。1927年国民党叛变革命后，于8月7日主持召开中共中央紧急会议，会后任临时中央政治局常委，在主持中央工作期间犯了"左"倾盲动错误。1928年去莫斯科出席中共六大和共产国际第六次代表大会，并任中央驻共产国际代表团团长。1930年从苏联回国，在上海主持召开中央六届三中全会，参加纠正李立三"左"倾冒险主义的错误。1931年1月在中共六届四中全会上，受到王明等人的打击，被解除中央领导职务。此后在上海同鲁迅一起领导左翼文化运动。1934年到中央苏区，任中华苏维埃共和国中央执行委员会委员兼教育人民委员。中央主力红军长征后，留在苏区，任中共苏区中央分局宣传部长兼中央政府办事处教育人民委员，是中共第四届中央执行委员、第五届中央政治局常委、第六届中央政治局常委。1935年2月突围转移途中，在福建长汀水口镇遭国民党军队包围被俘。6月18日在长汀英勇就义。遗著编有《瞿秋白文集》、《瞿秋白选集》。

瞿秋白的父亲瞿稚彬，名世玮，号一禅，道号圆初。拥有"浙江候补盐大使"的虚衔。他信奉道教，好老庄之学，通医药，擅山水画，喜爱篆刻，曾教瞿秋白画山水画。六伯父瞿世琨长于篆刻，也常常教瞿秋白学习金石篆刻。父亲和伯父的影响和教授，使瞿秋白自小得到良好的艺术教养。但是，对幼年的瞿秋白来说，在思想道德上和古典文学修养上产生更大影响的，还是母亲。

瞿秋白的母亲金璇，字衡玉，出生于官宦之家。自小聪明，喜读书，能做诗填词，写信作文，又写得一手好字。更可贵的是虽处于富家，却心地善良，性情温和，勤快能干，以助人为乐，尤其愿意帮助穷人。瞿秋白的性格，在很大程度上和母亲相近，在感情上，瞿秋白与母亲比父亲更亲密得多。瞿秋白幼年时，母亲就教他背诵唐诗，有时晚上睡在床上还要儿子大

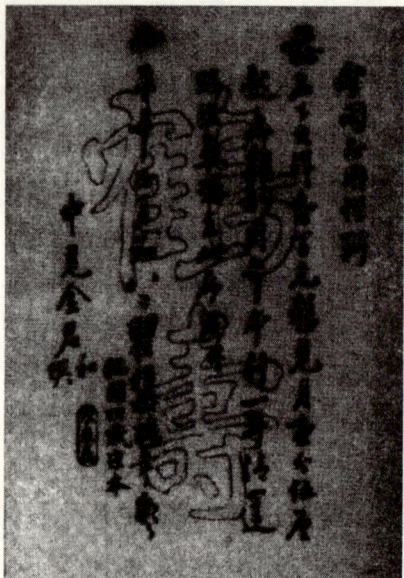

声背诵。到了夏天晚饭后，瞿秋白常常和邻居小伙伴围坐在天井的圆桌旁纳凉，听母亲讲故事。母亲给孩子讲《聊斋》，讲《孔雀东南飞》，讲《木兰辞》，还讲太平天国的故事。有时母亲还叫大家猜谜语，教瞿秋白背唐诗。夏夜天井纳凉，成为瞿秋白和他的小伙伴最喜欢的时光和课堂。母亲的督促教诲，哺育了瞿秋白心底的文学幼苗，母亲的宽厚仁慈，更是培养了瞿秋白对贫苦人的同情之心。这些对于瞿秋白日后成为学者、走上革命道路都具有最早的启蒙作用。

在瞿秋白12岁之时，家道日益败落。到了瞿秋白17岁时，家庭生活更是难以为继。这一年，也就是1916年2月7日晚上，瞿秋白母亲金璇因家境窘迫至极和封建礼教所迫，含泪写下遗书，自尽身亡。当时瞿秋白在无锡。闻凶信后赶回家中，看到了母亲留下的遗书，痛不欲生。4月5日清明节，瞿秋白祭奠母亲，写下一首《哭母》诗，表达了对母亲的深情怀念：

亲到贫时不算亲，

蓝衫添得泪痕新。

饥寒此日无人问，

落上灵前爱子身。

瞿秋白还满怀痛苦和愤懑之情，对前来陪伴和安慰他的邻居伙伴讲了这样一段话：

母亲自杀后，我从现实生活中悟出一条真理，当今社会问题的核心，是贫富不均。自古以来，从冲天大将军黄巢到天王洪秀全，做的都是"铲不均"。孙中山提出的"天下为公"，也是为了平不均。可见改革当今社会，必须从"均"字着手。[①]

可以说，瞿秋白的母亲最后是用"自尽"，给了青年瞿秋白最后一次"家训"。也正是母亲的死，使瞿秋白在极大的悲痛之中，思想上得到一次巨大的升华。

2. 陈毅家训

陈毅（1901—1972），字仲弘，四川乐至人。中国无产阶级革命家、军事家，外交家。中华人民共和国元帅。1919年赴法国勤工俭学。1921年因参加中国留法学生爱国运动，被遣送回国。1922年加入中国社会主义

---

① 陈铁健：《瞿秋白传》，红旗出版社，2009年5月出版，第28—29页。

青年团，1923年10月入北京中法大学文学院，同年转入中国共产党。曾任北京学生总会党团书记。1926年回四川从事兵运工作，推动川军响应北伐，参与组织泸州起义的准备工作，任起义军政治部主任。1927年5月任中央军事政治学校武汉分校中共委员会书记。8月参加南昌起义，后与朱德率余部在湘粤边界坚持斗争。1928年1月湘南暴动后成立工农革命军第一师，任党代表。4月与朱德率部上井冈山，同毛泽东会师。历任红四军政治部主任、军委书记、前敌委员会书记、江西军区司令员兼政委。期间曾赴上海，向党中央汇报工作。红军长征后，留在中央苏区坚持游击战争，任中共中央苏区委员。抗日战争时期，任中共中央东南局委员、中央军委新四军分会副书记、新四军一支队司令员、江南指挥部指挥、苏北指挥部指挥、华东总指挥。皖南事变后，任新四军代理军长、军长。1945年6月在中共七大上当选为中央委员。解放战争时期，先后任山东野战军、华东野战军、第三野战军司令员兼政委，中共中央中原局第二书记，是淮海战役总前委五委员之一。1949年4月率部渡江作战，解放南京和上海。

建国后,历任中央人民政府委员、华东军区司令员、中共中央华东局第二书记、上海市市长兼中共上海市委第一书记。1954年后任国务院副总理兼外交部长、中共中央军委副主席、全国政协副主席、国防委员会副主席。是中共第七至九届中央委员、中共第八届中央政治局委员。1955年被授予中华人民共和国元帅军衔。有《陈毅诗词选集》、《陈毅诗稿》。

说起陈毅的家训,不得不先提到他那首题为《示丹淮,并告昊苏、小鲁、小珊》的诗。陈毅一共有四个孩子,长子陈昊苏,次子陈丹淮,第三个儿子陈小鲁,女儿陈珊珊(丛军)。1961年,陈丹淮考上了哈军工,陈毅非常高兴,就写下了这首诗:

> 小丹赴东北,升学入军工。
>
> 写诗送汝行,永远记心中。
>
> 汝是党之子,革命是吾风。
>
> 汝是无产者,勤俭是吾宗。
>
> 汝要学马列,政治多用功。
>
> 汝要学技术,专业应精通。
>
> 勿学纨绔儿,变成白痴聋。
>
> 少年当切戒,阿飞客里空。
>
> 身体要健壮,品德重谦恭。
>
> 工作与学习,善始而善终。
>
> 人民增减汝,报答立事功。
>
> 祖国如有难,汝应作前锋。
>
> 试看大风雪,独有立青松。
>
> 又看耐严寒,篱边长忍冬。

千锤百炼后，方见思想红。

一首写罢，陈毅觉得还需再嘱咐几句，便又挥笔写道：

深夜拂纸笔，灯下细沉吟。

再写几行诗，略表父子情。

儿去靠学校，照顾胜家庭。

儿去靠组织，培养汝成人。

样样均放心，为何再叮咛？

只为儿年幼，事理尚不明。

应知天地宽，何处无风云。

应知山水远，到处有不平。

应知学问难，在乎点滴勤。

尤其难上难，锻炼品德纯。

人民培养汝，一切为人民。

革命重坚定，永作座右铭。

这两首诗，可以说是陈毅以诗歌的形式立下的家训，诗中从政治理想、品德操行、思想意志、读书学习、生活态度、技术专业诸方面，对四个孩子提出要求和训诫，表达了陈毅这样老一辈革命家教子的宗旨和理念，从而成为在社会上广为流传的教子名篇。

细看陈毅家训，有这样几个明显的特点：

一是以身作则，注重言传身教。

陈毅与妻子张茜，都是老革命。他们以自身的修养为儿女做出表率。比如，对父亲的博学，陈丹淮回忆说："1971年，九一三林彪事件出来后，他立即把白居易的《放言》五首找了出来，然后，我母亲就把它用复写纸全部抄下来，寄给我们兄弟一人一份，因为我们都在外头。我拿来一看，我说这是什么意思呀。那时候我们还没有传达呢，后来我才知道，他在以古喻今。"[①] 白居易《放言》一共五首，其中第三首流传最广，诗曰：赠君一法决狐疑，不用钻龟与祝蓍。试玉要烧三日满，辨材须待七年期。周公恐惧流言日，王莽谦恭未篡时。倘使当初身便死，一生真伪复谁知。

---

① 肖伟俐：《帅府家风》，中共党史出版社，2007年7月出版，第172-173页。

很显然，陈毅将《放言》抄录给孩子，其实是在暗示林彪就是假装谦恭、实际急着篡国的当代王莽。陈毅为孩子抄录古诗这件小事，让孩子们终身难忘，也促使他们努力学习，要像父亲那样博学。而说到母亲张茜，据陈丹淮回忆：

> 我母亲是中学生，15岁参加革命，她的文化程度文学修养和父亲比差距很大。因为她要缩小这个差距，所以她学习非常的认真，那时别人都去跳舞，她很少跳舞，她就是一天到晚地学习，看书，读诗，然后练字、写诗，妈妈的字写得很漂亮。[①]

母亲对学习、读诗、练字、写诗的执著和认真，对孩子们触动很大。张茜不仅每天坚持看书、学习、读诗、写诗，事实上，从解放以后，张茜一直坚持学习俄语、英语，不仅能熟练运用，而且还翻译出版了苏联小说和多幕剧本。陈毅、张茜夫妇是以自己的博学、好学为无声的家训，为子女作出了榜样。

二是注重品德教育。

作为开国元戎的家庭，陈毅夫妇非常担心孩子不要成为现代高衙内，一再要求孩子克勤克俭，"勿学纨绔儿"。陈丹淮说：

> 我们家庭的成长环境，既严格又比较民主。在个人的品行方面，我母亲要求是很严格的，也就是说你不能有不良的嗜好，你不能够很随便，你不能随便要钱花钱，不该你享受的东西你不能去超越。到现在我们兄弟三个都不抽烟。比如我们每天上学的时候，就是坐公共汽车，一天就给一毛钱，后来我跟昊苏我们两个就来回走着上

---

① 肖伟俐：《帅府家风》，中共党史出版社，2007年7月出版，第174页。

学，目的就是把那一毛钱省下来，可以偷偷去买个烤红薯吃，红薯比较便宜呀。①

一个元帅的家庭，并不缺钱，但是"你不能随便要钱花钱，不该你享受的东西你不能去超越"，这就是家训、家规的作用和力量。

三是注重孩子的读书学习。

陈毅的女儿丛军（珊珊）从小学钢琴、学小提琴，张茜希望女儿能往艺术专业方向发展，但丛军本人不太愿意。陈毅认为，国家很需要外语人才，外交部也很需要外语人才，建议丛军去考外语学院附中。结果丛军如愿进入外语学院附中，并影响到她的一生。为了帮助女儿学习外语，陈毅专门给丛军买来英国广播电台英语讲座唱片《林格风》和《基础英语》教科书。在文化大革命中，尽管陈毅夫妇处境不好，但他们依然鼓励女儿在任何情况下都要坚持自己的理想和追求，永不放弃，张茜还将一套四册的英语医学课本拿出来，亲自帮已经在部队医院当护士的女儿念英文。丛军后来到英国留学，成为一个外交人员，回忆起自己学外语的经历，丛军说："我能选择这个职业，能有今天这个样子，还是靠我父母的支持，那种情况下，他们没有让我放弃，我真的很感谢他们……"②

丛军结婚时，陈毅、张茜已先后离世，丛军从娘家带出来的嫁妆，是一架钢琴，还有一套书，就是父母给她买的医学英文课本，丛军认为，"那是她心中的圣经"。

关于陈毅、张茜家教的严格，还发生这样一件事。1963年6月13日至23日，陈毅接待朝鲜崔庸健委员长访华，并陪同崔庸健前往东北各地参观

① 肖伟俐：《帅府家风》，中共党史出版社，2007年7月出版，第173页。
② 同上书，第184—185页。

访问。当时，陈丹淮正在哈尔滨军事工程学院读书，陈毅从哈军工的领导那里，一方面知道了丹淮各方面有进步；另一方面也了解到儿子曾流露出对妈妈严格要求的不满。6月20日，陈毅自哈尔滨赴长春，登机前给儿子写了一封信：

丹淮：

　　我今日去长春，数日后即返京。这次见着你，高兴你有进步。希望继续努力。昨夜刘院长、谢政委又来见我，说你有进步，又说你尚有不满：即怪你妈妈责备你太严。事实并非如此。……我想：妈妈责备你严，比宽待好处多，不从严格出发我人什么事办不好，反之一切从宽大、谅解、自己为自己辩护出发，结果害处太多。古人常云：火性烈死于火者极少，水性柔死于水者比比皆是。汝应深知此理。这次见到你，我很高兴，希望继续有进步，来回答父母及学校和党与人民的培养。立即要上飞机，不能多写了！

父字　于哈市

一九六三年六月廿日[①]

从这封信中，可以看出陈毅家教的严格和以道理服人。针对儿子的想法和牢骚，陈毅明确给儿子提出严格要比宽待好。并以"火性烈死于火者极少，水性柔死于水者比比皆是"来教育儿子。从这封信还可以看出，陈毅夫妇在对孩子严格教育这个问题上，思想统一，这有利于提高家庭教育的有效性。

四是家庭民主自由。

陈毅、张茜对孩子的要求是严格的，但这一点不妨碍家庭里的民主和自由。陈丹淮在讲到家教严格的时候，又说，"但另一方面，又比较民主自由。比如学习，全部靠我们自己，你考哪个学校，考什么专业，他们都不管，这个你自己做主，我到军工去读书就是我自己选的，他们可能还是希望我能够在北京。"[②] 对于孩子的业余爱好，陈毅夫妇也没有任何限制。

陈毅是一个诗人，他曾以诗作家训，来教育孩子。因为他爱写诗、善写诗，结果影响了全家人。张茜学写诗，儿子陈昊苏、陈丹淮都能写诗。同时，以诗作为家训的传统，也被传承下去。

1972年陈毅已经逝世，张茜也身患重病，女儿丛军被批准要到英国留

---

① 见鲁秋园：《红色家训》，江西人民出版社，2006年6月出版，第155页。

② 肖伟俐：《帅府家风》，中共党史出版社，2007年7月出版，第173—174页。

学。这是中国在文化大革命期间送出去的第一批学生，是为国家培养外交和翻译人才的。张茜知道以后，非常高兴，不顾病体支离，学着丈夫陈毅的样，为即将远行的22岁的女儿丛军写了一首诗：

> 丹淮昔离家，父写送行诗。
>
> 儿今出国去，父丧母孤凄。
>
> 临别意怆恻，翻捡父遗篇。
>
> 与儿共吟诵，追思起联绵。
>
> 汝父叮咛句，句句是真知。①

作为陈毅的长子，陈昊苏在教育自己的孩子时，也继承了父母的方

---

① 肖伟俐：《帅府家风》，中共党史出版社，2007年7月出版，第186—187页。

式，以诗为家训。2000年9月8日，他的儿子陈兴华高中毕业后赴欧洲留学，陈昊苏依照家传，赋诗相赠：

国门大敞送兴华，

要学英雄不恋家。

负笈西游播种事，

一家三代育新花。

对于最后一句"一家三代育新花"，陈昊苏解释说，"我父亲是18岁到法国勤工俭学的，我妹妹是22岁到英国去留学的，我儿子19岁留学，这也是我们的家传。"①

以诗为家训，是陈毅一家形成的一种独特的家训文化，陈毅的最小一个儿子陈小鲁讲到此事，说父亲"写诗是用来教育我们的一种方式，也是留给我们的最宝贵的遗产"。在上海名人家训中，这也是最具特色的一朵奇葩。

---

① 肖伟俐：《帅府家风》，中共党史出版社，2007年出版，第213页。

3. 陈赓家训

陈赓（1903—1961），湖南湘乡人。中国无产阶级革命家、军事家。原名庶康，化名王庸。1922年加入中国共产党。1923年到上海大学学习。1924年入黄埔军校第一期第三队学习。1928年4月起在上海中共中央特科工作担任中央特科情报科长，与国民党特务和共产党叛徒进行了长达四年的斗争。1931年任红军第四方面军师长。1932年负伤秘密到上海就医。翌年被捕，拒绝蒋介石的诱降，经中央和宋庆龄等营救脱险后到中央苏区，任彭扬步兵学校校长。长征中任军委干部团团长。抗日战争全面爆发后，历任八路军第三八六旅旅长，太岳军区、太岳纵队、中原野战军第四纵队司令员，第二野战军第四兵团司令员兼政委。建国后，任西南军区副司令员兼云南军区司令员和云南省人民政府主席。抗美援朝战争中任志愿军副司令员、代司令员、代政委。1952年起任解放军工程学院院长兼政委、解放军副总参谋长、国防部副部长。1955年被授予大将军衔。是中共第七届候补中央委员、第八届中央委员。

* 陈赓（摄于1957年）

1949年5月27日，上海解放，中央宣布任命陈毅为上海市长；陈赓为上海市公安局长（未到职）。6月22日，到达上海，拜会了陈毅等上海市党政军领导人，看望了已经牺牲的妻子王根英的亲属。7月1日，参加上海人民隆重庆祝中国共产党诞生28周年大会。1961年2月，赴上海疗养。住在华山路华东局招待所（即"丁香花园"）。3月16日凌晨，大面积心肌梗塞第三次发作，抢救无效，8时45分在上海逝世。著有《从南昌到汕头》、《挺进豫西》等回忆文章，出版有《陈赓日记》。

陈赓出生于湖南湘乡县龙洞乡羊吉安村。祖父陈翼琼"幼从戎为官致富，善战闻于当时"[1]。解甲归田后"热心公益慈善诸事。灾荒之年不惜卖田贷粮与本乡饥民。族中有窘于生计者贷以金，虽不偿亦不较也。老而无依者养之于家，直至安葬。乡里称其子孙之兴系曾祖父厚德之故"。[2] 在《陈氏族谱》中记载陈翼琼："他如社会育婴、桥梁、道路、慈善等捐，（陈翼琼）靡不尽赞助"；"乡之西有宝华庵者，为古刹，势将陊，公倡募重修，得以不圮"。[3]

陈赓的父亲陈道良，字绍纯（1882—1945），秉承了陈赓祖父陈翼琼的正直、豪爽、乐善，也常解囊济贫助困，在乡梓享有盛誉。

陈赓是陈绍纯的第二个儿子。六岁开始读书，祖父给他起的学名是陈庶康，字传瑾。根据陈赓《我的自传》所记，陈赓受祖父的家教影响很大。祖父本是行伍出身，但留下家训："令：子今后可读书，但不得从军，不得为官。"因此，从陈赓父亲开始，家里弃武从文。可是，曾在湘军中骁

① 陈赓：《我的自传》，转引自《陈赓传》，当代中国出版社，2007年7月出版，第2页。
② 陈知非：《陈赓祖居图记》，见《陈赓传》，当代中国出版社，2007年7月出版，第589页。
③ 引自《陈赓传》，当代中国出版社，2007年7月出版，第3页。

勇善战、屡立军功的祖父毕竟是儿孙们心目中的英雄，更何况祖父在闲时经常指着自己身上征战时留下的伤疤给陈赓等儿孙辈讲打仗的故事，因此，年幼的陈赓"幼受祖父影响，时思弃读从戎"。

可以说，陈赓在幼年接受的家训，一是从祖父、父亲身上，看到了他们乐善好施、造福乡梓的仁厚品德；二是祖父从军沙场征战的尚武精神。这两点，对陈赓最终成为中国共产党一名传奇将军是大有关系的。

建国以后，陈赓无论是在地方、军事院校还是在国防部，都是担任重要的领导工作，可以说是共产党的大官。但是他从来没有居功自傲，贪图享受，相反，一如既往地严格要求，同时，也以这样的精神要求家人、孩子，形成了陈赓的家训。

教育孩子孝敬家人，善待家人

陈赓的第一位妻子王根英，是陈赓1927年奉命在上海从事地下革命工作结识的。王根英是上海怡和纱厂的纺织女工，1925年加入中国共产党，是中共五大的上海代表。陈赓在上海参加第三次武装起义时认识了王根英，并于1927年5月和王根英结为夫妇。1939年3月8日，王根英壮烈牺牲在日军的刺刀下。陈赓的长子陈知非为陈赓和王根英所生，一直在上海的外婆家长大。1946年陈知非17岁时，陈赓才托人把他从上海找到，带到解放区。因此，陈赓对前妻王根英一直深怀思念之情，对王根英的母亲、自己的岳母也一直挂念在心。1949年6月初，上海解放，陈赓和妻子傅涯到上海出差，送给岳母一床新丝绵被和一件毛皮长袍。老人家逢人就说："陈赓真是好良心啊！难为他老想着我，老照顾我。"1960年8月，陈知非和钱如琴夫妇的女儿出生了，陈赓专门给孙女起名叫陈怀申，以纪念他和王根英并肩战斗过的上海。

对王根英的妹妹王璇梅，陈赓也非常关心。王根英牺牲后，1946年10

月陈赓托人将王璇梅接到山西阳城太岳军区驻地,并送她到北方大学学习,后来,王璇梅进了北方大学医学院读书。王璇梅参加工作以后,陈赓又介绍她认识了老战友陈锡联,促成了他们的美好姻缘。①

1961年2月,身患重病的陈赓带着妻子、孩子到上海疗养,又专门带领全家去看望王根英的母亲,见到岳母,陈赓就亲切地叫"妈妈",并拉着岳母的手问寒问暖。

陈赓对已经牺牲的前妻王根英的怀念,对王根英母亲和妹妹的孝敬和关心,影响和教育了自己的妻子傅涯和孩子,傅涯也像陈赓那样,对王根英的母亲像对自己的母亲一样对待,对陈赓的长子陈知非也像自己所生的孩子那样关心、疼爱。孩子们也从陈赓、傅涯的行动中深受教育。这是陈赓给孩子的一份特殊"家训"。

对孩子严格要求

在孩子的眼中,父亲陈赓既是一位慈父,又是一位严师。陈赓喜欢孩子是出了名的。家里有他自己亲生的四个儿子和一个女儿,还抚养了好几个老战友的孩子、亲戚的孩子。在学习上,陈赓对孩子要求极严,要求每个孩子学习都要做到认真刻苦、一丝不苟。他不管工作多忙,回家多晚,每天都要抽出一定时间检查孩子的作业,有时发现了错别字,他就让孩子自己查字典纠正过来,以便加深印象和记忆;有时发现作业写得不工整,他就要求重写一遍,从而让孩子养成一种认真的态度。有一次,陈赓的侄子在上中学时,把成绩册上的2分改成了4分,陈赓发现后,气得一拍桌子,严厉批评侄子弄虚作假,要他必须检讨。他的儿子陈知建站在旁边,看到父亲大发脾气,吓得拔腿就跑。从此,在孩子们幼小的心灵里牢牢记住了谁都不许弄虚作假,学习和工作都要

---

① 见《陈赓传》,当代中国出版社,2007年7月出版,第544页。

* "全家福"照。前排左起：知进、傅涯、知庶、陈赓、知涯。后排左起：知建、知非。

实事求是。[①]

在生活上，陈赓教育孩子从小要养成艰苦朴素的好习惯，吃饭时要求孩子不能浪费一粒粮食，在学校里要和普通老百姓的孩子搞好团结，不要有特殊化的思想。穿衣服不要追求时尚，只要干净朴素大方就可，尽量与普通老百姓的孩子一样。他自己的衣服穿旧了，就让保姆拿去改一下，给大孩子穿，大孩子穿小了就给小的继续穿。往往一件衣服要穿上好几年，有的破了补上补丁继续穿，孩子们也遵从家教从不伸手要这要那的。关

---

① 见《陈赓传》，当代中国出版社，2007年7月出版，第547页。

于穿衣，陈赓孩子还出了一次洋相。1961年，陈赓到上海治病疗养，一家人随父亲南下。陈知建剃着个光头，穿着旧鞋子和补丁的衣裤，中途下车玩耍后居然被乘务员挡在了车外。[①]

根据陈知建的回忆，陈赓一家迁居北京后，陈赓为了让孩子们体味农民的辛苦，常叫他们去农村。甚至暑假带孩子们到北戴河休养时，规定大一点的孩子都要常去干活。

1959年12月，傅涯陪同陈赓到广州养病。当他们得知次子知建和女儿知进的学习成绩有所下降后，甚为焦虑，同时，他们也惦记长子知非和儿媳钱如琴的工作及学习情况，便于当月的22日给孩子们写了一封信，信中说：

你们的工作和学习是不是在力争上游？我们最关心你们的是不是在各方面都很刻苦地锻炼和严格地要求自己，这样做，对于你们的将来有极大的好处。望你们牢牢的记住。[②]

陈赓还总是以自己的经历来帮助教育孩子正确对待人生道路上的挫折。据陈知建回忆：

记得我还在读初中的时候，有次在学校被老师错误批评，尽管没有当面顶撞老师，但心里还是很不痛快。回到家后我便向父亲"诉苦"。父亲说："你这个叫什么冤枉，我在长征初期因为被捕过，要受审查所以没有党籍，直到遵义会议时才恢复的。我从国民党监狱放出来后，王明指示，说

---

① 见《我的父辈》，上海人民出版社，2009年10月出版，第216页。
② 引自鲁秋园：《红色家训》，江西人民出版社，2006年6月出版，第205页。

我与蒋介石关系不一般。被捕后,要么叛变,要么被杀。如若被放出来,多半不可靠了,并提出要对我下毒手。幸亏派出执行任务的人是父亲在特科工作的部下,对父亲十分了解而未动手。"[①]

陈知建认为,父亲的这段话使他顿生豁然开朗的感觉,让他懂得了,"和心中的理想与目标相比,伤心委屈根本不算什么。"

说起陈赓家风,陈知非在《陈赓祖居图记》中这样写道:"缅怀曾祖父陈翼琼、祖父陈道良、家父陈赓三代人,无不忧国忧民,追求真理,刚直豪爽,疾恶如仇,富贵不淫,高风亮节,吾等陈氏后人当铭记焉!"[②] 对于陈赓家风、家训,不仅陈氏后人当永志不忘,对现在的年轻人,何尝不是一部有益的教科书呢?

4. 陈云家训

陈云(1905—1995),马克思列宁主义者,中国无产阶级革命家、政治家,中国共产党和中华人民共和国的主要领导人,中国社会主义经济建设的开创和奠基人之一。原名廖陈云,江苏青浦(今属上海市)人。

陈云于1919年起在上海商务印书馆当学徒、店员。1925年参加五卅运动,同年8月担任商务印书馆发行所职工委员长,随即加入中国共产党。1927年大革命失败后,回到家乡从事农民运动,任中共青浦县委书记、淞

---

① 陈知建:《父亲要母亲用相机拍下他那伤痕累累的腿》,见《我的父辈》,上海人民出版社,2009年10月出版,第216页。

② 见《陈赓传》,当代中国出版社,2007年7月出版,第590页。

浦特委组织部部长。1929年任中共江苏省农委书记，后任上海法南区委、闸北区委书记，参加领导农民运动和工人运动。1930年在中共六届三中全会上被补选为中央候补委员，1931年在中央六届四中全会上被增补为中央委员。后任中共临时中央领导成员、全国总工会党团书记。1933年到中央苏区。1934年在中共六届五中全会上当选为中央政治局委员、常委，兼任中共中央白区工作部部长。同年参加长征。1935年9月，抵莫斯科向第三国际报告中共中央和中央红军进行战略转移及遵义会议情况，并参加中央驻第三国际代表团工作。1937年回国后，先后任中共中央组织部部长、西北财经办事处副主任。1945年在中共七届一中全会上当选为中央政治局委员，8月担任中央书记处候补书记，后任东北局副书记、东北军区副政委，东北财经委员会主任、中华全国总工会主席。建国后，任政务院副总理兼财经委员会主任、中共中央书记处书记、国务院副总理、中共中央副主席、中央财经领导小组组长。1975年后，任全国人大常委会副委员长。1978年在中共十一届三中全会上，重新当选为中央政治局委员、常委、中央副主席，同时被选为中央纪律检查委员会第一书记，后又担任国务院副总理。是中共第八、第十一届中央政治局常委、中央副主席，

* 陈云

137

第九、第十届中央委员，第十二届中央政治局常委。1987年中共十三大以后，他担任中央顾问委员会主任。1995年4月10日在北京逝世。主要著作编为《陈云文选》。

2005年6月13日，在陈云诞辰100周年之际，陈云的夫人于若木在家里接受了《一代伟人陈云》编写组同志的采访。在采访中，于若木讲到了陈云的家风。她说："我们的家风有一个特点，就是以普通劳动者自居，以普通的机关干部标准要求自己，不搞特殊化。"[①] 以普通劳动者自居，不搞特殊化，充分体现了陈云的平民本色，也以最朴素实在的语言道出了陈云的良好家风。

陈云"普通劳动者"的家风，体现在家庭生活的方方面面：

艰苦朴素，严格律己

陈云的艰苦朴素，严格律己，清正廉洁是出了名的。1995年4月10日，陈云逝世。他身边的工作人员替他整理财产：他临终前的月工资是一千三百三十六元，各项补贴约二百五十元，每月上缴所得税三十一元零五分；按照国家规定，他从当年5月起就不发工资和补贴了，家属可领到十个月工资的抚恤金，再加上两万元的稿费。这就是陈云一辈子的全部积蓄。不收礼，可以说是家规之一。他要求身边的工作人员，凡是有人来送礼，必须向他报告，不得擅自收下。"送礼是有求于我，收下后，决定事情必有偏差。"这是陈云的名言。曾有一位大军区领导在向陈云汇报工作时，带来了两盒葡萄，陈云只吃了其中十颗，曰"十全十美"，其余的坚决不收，要这位将军带回去。还有一次，陈云的家乡上海送来一份精美的文房四宝，请陈云为准备开办但还没有正式批准的一家公司题词。陈云很不高兴，说这个词不能题。一题词，就等于强迫主管部门批准了。陈云让

---

① 侯树栋主编：《一代伟人陈云》，人民出版社，2005年5月出版，第466页。

人将送来的文房四宝如数退回,并嘱咐秘书向上海市委通报了这件事。

陈云自1949年进北京,就一直住在西城区北长街58号。由于房屋年久失修经常漏雨,行政部门提出要大修,但陈云不同意,认为大修要花国家许多钱,只要解决漏雨问题就行了。后来行政部门根据陈云住房的实际情况,再一次提出要大修,陈云还是不同意。1976年7月唐山发生大地震,陈云办公室南墙被震出一米多长的宽裂缝,技术人员经过检查后认为整个楼房结构都存在安全隐患,提出一个把老楼拆掉,再在原址上建一幢新楼,陈云还是不同意,认为自己住的虽然是老房子,也比老百姓住的房子好,这样好的房子都拆掉建新房,会脱离群众,影响不好。后来经过再三动员,陈云才离开老房子,搬进中南海居住。陈云的艰苦朴素、严格律己不仅表现在住房上,也体现在吃、穿方面。他从来不吃"高级菜",害得厨师老"埋怨"说:"首长一年到头就吃那几样普通的家常菜,我这个技术也提高不了。"在穿的方面,"礼服"只在每年过节或接见外宾时才穿,平时总是布衣布鞋。家里要给他做新衣服,他总是说:"补一补还可以穿。"①

严格要求家人

陈云对家人的要求近乎苛刻的地步。陈云曾给家人定下"三不准"家训:不准搭乘他的车,不准接触他看的文件,不准随便进出他的办公室。他还特别交代,孩子上下学不许搞接送,要让孩子从小就像一般人家子女一样学习和生活。② 他的妻子于若木在中国科学院工作时,上班在香山,每天骑自行车单程就要1个半小时,半路上饿了就吃块巧克力。后来实在骑不动了,干脆住在香山,周六才回家。1959年,陈云因

① 陈伟华:《父亲却举双手赞成我重返中学讲台》,载张黎明主编:《我的父辈》,上海人民出版社,2009年10月出版,第37页。
② 同上书,第35页。

为心脏病在杭州休养一年,请于若木陪他。陈云对妻子说,你在陪我期间的工资不能拿。于若木单位将她一年的工资攒着给了于若木,于若木全数退回单位。1971年夏,陈云的炊事员得病住院,陈云让大女儿陈伟力请假到他下放的江西来照顾自己。一年后,伟力随陈云回到北京,陈云对女儿说:"你这一年陪我,由我出生活费,你把中科院物理所发的工资全退回去。"结果陈伟力遵父命退还了那一年的工资。陈云的外孙女陈茜,曾在实验中学读书,初中毕业后离开那里。在校几年,别人都不知道她是谁家的孩子。后来报上登了一张照片,她正在用毛笔写:"祝爷爷长寿。"陈云则在一旁观看。这才露了底,原来陈茜是陈云的外孙女。但她的同学从她身上一点都看不出有什么特殊的地方。大儿子陈元进初中,于若木就给了他一个针线包,要求陈元袜子破了自己补,被子脏了自己拆、自己洗,自己再缝上。陈云的次女陈伟华1966年于北京师大女附中高中毕业,1968年被分配到北京怀柔县。怀柔有靠近县城的地方,有山区、半山区、深山区,陈云对伟华说:"你要做好到最艰苦地方去的思想准备。"后来伟华到长城脚下的辛营公社当了一名乡村教师,陈云又叮嘱女儿,要她和乡亲们、同事们打成一片,不能搞特殊化。① 1977年,高考制度恢复以后,陈伟华准备报考大学,就写封信给母亲,想请母亲找一找她认识的一位在大学工作的同志,请教有关复习迎考的事。结果给陈云知道了,批评说:"这叫走后门。"结果家里忙没帮上,还挨了一通批。② 1982年,陈伟华大学毕业后被分配到人事部,后来又被中央整党指导委员会抽调到广电部搞整党工作。当时教师社会地位还比较低,待遇也比较差,师范学校招生困难,整个教育系统都非常缺教师。为

---

① 陈伟华:《父亲却举双手赞成我重返中学讲台》,载张黎明主编:《我的父辈》,上海人民出版社,2009年10月出版,第35页。

② 侯树栋主编:《一代伟人陈云》,人民出版社,2005年5月出版,第489页。

了给社会起个带头作用,陈云通过秘书传话给伟华:"伟华是师范毕业的,应该回到教育战线去。"后来得知伟华决定重返中学讲台,陈云高兴地连说:"太好了,太好了,我举双手赞成!"结果伟华一直在北京师范大学附属实验中学担任历史教师到退休。[①] 陈方在上中学的时候,为了学游泳,有一次买脚蹼,从生活管理员石长利手中要钱,超出了预算。陈云知道后,找陈方谈话,结果,父子之间有了下列对话:"你从哪拿的钱?""石头(石长利)那儿。""石头哪儿来的钱?""你的工资。""我的工资是谁给的?""人民给的。""人民给我的工资,你为什么用呢?""我是你儿子,你是我爸爸。""记住,节约一分钱是节约人民的钱,我看你的行动。"[②] 父子之间的这段对话读来甚为有趣,堪称新时代的"庭训"经典。

关心孩子的学习,培养孩子的兴趣爱好

陈云对子女的教育有一个原则,就是"读好书,做好人"。他常对子女说:我只有小学文化,小学毕业后就没有机会再上学,所以希望你们多念点书,有知识,有文化,好为国家作贡献。对孩子的学习,陈云要求非常严格。据陈云的长子陈元回忆说:

父亲对我的要求特别严,如果发现我有差错,他会很不客气指出来。比如说我看书,年轻人浮躁,有时候浮想联翩,写一串感想,到他那儿一般来说是要碰钉子的。因为这些想法未必是从实际出发的,很多是不现实的。特别是我看了一些理论书籍和马列主义原著后,就发生了很多这样的事情。记得"文革"期间,父亲在江西,我在湖南给他写了一封信,说"四人

① 陈伟华:《父亲却举双手赞成我重返中学讲台》,载张黎明主编:《我的父辈》,上海人民出版社,2009年10月出版,第39页。
② 侯树栋主编:《一代伟人陈云》,人民出版社,2005年5月出版,第489—490页。

帮"批判"唯生产力论"，怎么写得不对，什么观点不对。父亲没有表扬我，他对家人说，就是要让我磨练磨练，看看能不能正确地提出问题。①

陈云对孩子的学习不仅要求严格，而且还会根据孩子的特点因势利导。陈元说：

记得很小的时候，我去父亲陈云的办公室，那里有许多报纸，其中《参考消息》最吸引我，因为那上面的事都是我不知道的世界上的大事，比什么故事都吸引人。往往不一定看得懂，多看几次慢慢知道一点，但也是似懂非懂。父亲看在眼里头，也没说一句话，就给我一种赞许的眼光，认为我看报纸好。后来，他在别的场合也说过，陈元从小就爱看报纸，看《参考消息》，但没当面对我这么说过。所以我就更觉得这是个好事，特别爱看。看了以后就开始思考其中的问题，慢慢就潜移默化地受到影响。②

① 据《经济观察报》2009年11月2日。
② 同上。

陈云曾下放到江西南昌,陈元回忆起这段经历说:

当时他被下放到江西南昌一个小的干休所。我看到父亲在《参考消息》上划出一些杠,或者将标题圈一下,我知道他是提示,让我注意看。有一件事我记忆特别深刻:一次他在看《参考消息》时告诉我,美联储主席是美国真正的经济总统,他对美国经济能发挥巨大作用。在那时,这对我来说是一个闻所未闻的事情。因为我在大学里学的是理工科,对社会政治、经济领域的事情接触很少,所以他讲了之后,我印象非常深刻。我当时很难想象什么叫经济总统,认为总统不就全管了吗?还有经济总统?我就开始想,美国的这个领域都是按照什么样的规律来运行的?我就想知道美国人都是在想些什么,做些什么,于是开始一步步地关注经济问题了。[①]

据陈伟华回忆,陈云在"文革"期间给陈伟华写了两封家信,谈的都是学习。第一封信是1970年12月8日,陈伟华写信给当时下放在江西南昌的父亲,说自己已经在阅读马克思和恩格斯的著作。陈云接到女儿的来信后,立刻怀着"万分欢喜"的心情写了回信:

南[②]:

十二月八日信今天收到。我万分欢喜(不是十分、百分、千分而是万分),你要学习和看书了。咱家五个孩子中数你单纯幼稚。你虽然已开始工作,但还年轻,坚持下去,可以学到一些东西的,不过每天时间有限,要像你哥哥一样,每天挤时间学。

---

① 据《经济观察报》2009年11月2日。
② 南,即陈伟华。

哲学是马列主义根本中的根本。这门科学是观察问题的观点（唯物论）和观察解决问题的办法（辩证法），随时随处都用得到，四卷毛选的文章，都贯彻着唯物论辩证法。

但是学习马列主义、增加革命知识，不能单靠几篇哲学著作。我今天下午收到你信后想了一下，我认为你应该这样学。

①订一份《参考消息》（现在中央规定中学教职员个人都能订），这可以知道世界大势（元元连看了十年了），不知道世界革命的大事件，无法增加革命知识的。（订一份参考消息，每月只花五角钱，你应该单独订一份，免得被人拿走）

②每天看报。最好人民日报，如果只有北京日报也可以。报纸上可以看出中央的政策（一个时期的重点重复报道，即是党中央的政策）。

只有既看日报，又看参考消息，才能知道国内国外的大势。这是政治上进步的必要基础。

③找一本中国近代史看看（从鸦片战争到解放），可能作者有某些观点是错误的，但可以看看近一百三十年的历史，没有历史知识就连毛选也看不懂。这种书家内客厅书柜中可能有。不要去看范文澜的古代史，这对你目前没有必要。

④找一本世界革命史看看，可能这本书很难找，我也没有见过这样一本书。如果找不到这本书，那就看：（一）马克思传（很难看懂，因有许多人名、事件你都不知道的），但可看一个概略。这本书现在我处，北京可能买到。曹津生有这本书（我要阿伟看，她看不懂放下未看）。（二）恩格斯传，这本书也在我处。北京可能买到，这本书容易看些。元元在十年前进北京医院割扁桃腺时就看了马克思传。（三）列宁传，这有两厚册，非卖品，我也带来江西，以后回京时你再看。

⑤马克思、恩格斯、列宁的著作很多，但我看来，只要十本到十五本就可

以了。(一) 共产党宣言是必须看的。(二) 社会主义从空想到科学的发展。

(三) 资本论你看不懂,先找一本政治经济学,其中已把资本论的要点记出来了(这本书客厅书柜中可能有)。共产党宣言(在马恩全集第四卷),社会主义从空想到科学的发展(马恩全集廿一卷)。马恩列斯的全集,我去年离京时要津生为我买了一套共182元,可能全在阿伟房内或你楼上房内。

我上面说的书再加上每天参考消息和北京日报或人民日报,是够你看的了。

其他等我回北京时再谈。看来人大不是四月开就是七月开,我明年六月底一定回北京。

现在每星期下厂三四次,搞四好总评,但再去几次后,就不能下厂了,只能在家里(有暖气,已烧了)看书了。

我身体很好。其他人也很好。勿念。

爸爸

70. 12. 14. 日写,明日进城拉水时投邮①

第二封信是1973年8月7日,已经回到北京的陈云给女儿伟华写信,希望女儿能参加他自己组织的家庭读书会。首先学的是毛主席的《实践论》,学习方法是每人分头阅读,然后每周日上午六时半到九时半集中讨论,提出疑问,交流学习心得。陈云在信中还交待了第一次要学的页码,并嘱咐女儿:先诵看一遍,再重点细读哪几页,有一点疑问都要记下来,等集中学习时提出讨论。

陈云在教育孩子时要求严格,但对孩子的兴趣爱好又非常支持,并尽量给予满足。陈元上小学时喜欢打乒乓球,陈云夫妇就买最好的"红双喜"牌给他;陈元喜欢无线电,陈云夫妇又给他订阅无线电杂志。小儿子

---

① 见鲁秋园:《红色家训》,江西人民出版社,2006年6月出版,第207—210页。

陈方喜欢航空，陈云夫妇就给他订航空杂志；伟力对科学比较感兴趣，家里就给她订了《大众科学》、《知识就是力量》等杂志。陈云对自己生活上可以说到了一分钱都不乱花的地步，但为孩子订阅他们感兴趣的书刊杂志，却舍得花钱，这就是陈云家教一个鲜明的特点。

　　正是在陈云的言传身教下，陈云的几个孩子都在自己的平凡岗位上勤奋工作，以父亲的品德要求自己，以父亲开创的家风激励自己。

第五章

上海革命烈士家训

1. 向警予家训

向警予（1895—1928），出生于湖南溆浦县，土家族人。原名俊贤，笔名振宇。1918年参加毛泽东组织和领导的新民学会。1919年12月至上海，拜见孙中山。同年12月25日，前往法国留学。1921年冬回国。1922年初到上海，不久参加了中国共产党，同年4月执教于平民女校。在上海召开的中国共产党第二次全国代表大会上当选为候补中央委员，她是中共第一个女中央委员，也是中央妇女部第一任部长，被誉为"妇女运动的先驱"。1923年领导上海浦东、杨树浦和小沙渡丝厂、纱厂、烟厂女工运动和罢工斗争。1924年1月，国民党召开第一次全国代表大会，实现了国共合作。向警予与毛泽东等四十多人被中共中央派往国民党上海执行部工作。同年12月任上海女界国民会议促成会书记，并参加上海各界国民会议促成会的发起和筹备工作。1925年参加领导上海日商纱厂同盟罢工。中共"四大"以后，向警予担任中央妇女工作委员会委员长、广东女权运

＊ 向警予烈士（1895–1928）

动大同盟第一届会长。1925年11月，向警予去苏联，在莫斯科东方大学中国班学习。1927年初回到广州，并被调往武汉总工会宣传部工作。7月15日汪精卫与蒋介石合流背叛革命，武汉陷入白色恐怖之中。1928年3月20日，在叛徒的指认下，向警予被反动当局逮捕。在狱中，面对敌人严刑拷打和威胁利诱，向警予始终抱着坚定的革命意志，给难友留下了《狱中遗言》："人都应该珍惜自己的生命，然而到了不能珍惜的时候，只有勇敢的牺牲。人迟早总是要死的，死也要死得明明白白，慷慷慨慨。"这短短的遗言，表达了向警予对生与死的看法。5月1日凌晨，向警予被押赴武汉余记里空坪刑场，沿途向广大群众进行最后宣传，高呼："我是中国共产党员向警予，为了解放工农劳动大众，革命奋斗，流血牺牲！无产阶级团结起来，打倒帝国主义！打倒蒋介石！中国独立解放万岁！苏维埃中国万岁！中国共产党万岁！"然后英勇就义。

向警予在法国勤工俭学期间，曾几次给侄女向功治写信。也先后接到侄女写来的两封信。在第二封信中，侄女表示自己不愿做管理家业的政治家，愿发奋作一个改造社会的人。向警予阅后非常高兴，就于1921年4月29日，给了侄女一封回信，信中说：

功侄：

我来法年余，接到你两封信，第二次信文字思想迥异于前，几疑不是你写的。这样长足的进步，真是"一日万里"，不禁狂喜！

科学是进步轨道上唯一最重要的工具，应当特别注意。你现在初级师范，程度与中学相当。所习的是普通科学（即基本科学），应当门门有点常识。你于英、算、文、理能加以特别研究固好，但不要把别的抛弃了。

你不愿做管理家业的政治家，愿发奋作一个改造社会之人，有思想有识力，真是我的侄侄！现在正是掀天揭地社会大革命的时代，正需要一班有志青年实际从事。世界潮流、社会问题,都可于报章杂志中求之。有志改造社会的人,不可不注意浏览。毛泽东、陶毅这一流先生们,是我的同志,是改造社会的健将。我望你常在他们跟前请教!环境于人的影响极大。亲师取友,问道求学,是创造环境改造自己的最好方法。你们于潜心独研外,更要注意这一点。万不要一事不管,一毫不动,专门只管读死书。[①]

在这封信中,向警予提出"科学是进步轨道上唯一最重要的工具,应当特别注意",这可以看出,像向警予这样的革命家,目光是深邃而又远大的,在当时这样一个时代,就认识到科学的重要性。对于侄儿愿发奋作一个改造社会之人,向警予认为侄女"有思想有识力",但在欣喜之余,她还是向侄女提出要"实际从事",要注意浏览报章杂志,要多向"改造社会的健将"如毛泽东这样的革命者请教。另外,向警予还向侄女提到"亲师取友,问道求学,是创造环境改造自己的最好方法",反对"一事不管,一毫不动,专门只管读死书",这是鼓励侄女不能屈从于环境影响,要通过关注社会,通过实践来提高自己。向警予对侄女的这些训诫之词,离我们已近九十年了,当我们再次捧读这封家信,会感到它对我们今天的青年朋友,依然有着现实的指导意义。

2. 杨匏安家训

杨匏安(1896—1931),广东香山县北山乡人。原名锦焘,笔名匏庵。五四运动期间,在华南地区传播马克思主义。1919年11月11日至

---

① 引自鲁秋园编注:《红色家训》,江西人民出版社,2006年6月出版,第161—162页。

12月4日在《广东中华新报》上发表连载文章《马克思主义》,这是在华南地区最早发表的宣传马克思主义的文章。1921年加入中国共产党。1923年国共合作后,受党派遣参加国民党临时中央委员会。1924年秋,中共广东区委成立,任区委监察委员。五卅运动期间,前往香港,参加领导省港大罢工。1926年1月在国民党第二次全国代表大会上,当选为中央执行委员、国民党中央常务委员。1927年以中共中央监察委员的身份,参加中共八七会议。后根据党的指示,在香港、澳门、新加坡等地开展革命活动。1929年回上海,在中共中央宣传部工作,编辑党刊、培训工作,从事编译工作,宣传马克思主义。1931年7月被国民党反动派逮捕,关押在上海龙华警备司令部,8月被秘密杀害,年仅36岁。

杨匏安的父亲去世得早,一家人都靠母亲操持维持生活。母亲陈智,出生于华侨富商官宦之家,爱好诗词文学。幼年时,杨匏安时常坐在母亲膝上,一边看母亲做针线活,一边跟母亲背诵古文和诗词。他后来自称"幼时颇有诗癖",这和母亲的训教是分不开的。

＊ 杨匏安烈士 (1896—1931)

杨匏安参加革命后身居要职。有一次，省港罢工委员会给罢工工人分发捐款。款子发完后，装款的袋子里落下一枚两角的银币。杨匏安的孩子就捡起来玩。杨匏安回家后，看见孩子在玩银币，知道原委后，杨匏安很严肃地告诉孩子："这是公家的钱，一分一文都不能拿来玩。你们立即把它送到罢工委员会去。"孩子们听了父亲的话，赶紧将银币送回罢工委员会。从这枚硬币上，孩子们受到了一次很好的教育。

在上海期间，杨匏安一家人口多，妻子身体很不好，他本人又有肺病。但他从来不向组织上提出任何困难。为了维持生活，在工作之余，他加紧写作和翻译，到了晚上，还要帮助家人推磨作米糍，然后让老母亲和孩子到街上叫卖。周恩来曾经赞扬杨匏安"为官廉洁，家境清贫"，并一再用杨匏安的例子教育周围的同志。①

1931年夏天，杨匏安被捕以后，蒋介石几次派人劝降，都遭到他严辞斥责。敌人以死威胁，杨匏安回答说："我从参加革命起，早就置生死于度外，死可以，变节不行！"后来，杨匏安自知来日无多，就托人带出一封信给家人，说他难免为革命牺牲，告诉家人不可接受任何不认识的人的任何资助，如果实在没办法生活，就回老家去，并特别叮嘱：千万别把缝纫机卖了，那是全家今后生活的依靠。表现出烈士宁可清贫的高尚品德。这也是他对家庭、孩子留下的遗训。

杨匏安临刑前，又写下一首诗：

> 慷慨登车去，临难节独全。
>
> 余生无足恋，大敌正当前。
>
> 投止穷张俭，迟行笑褚渊。

---

① 见《早期革命家的故事》，中共党史出版社，2007年2月出版，第48页。

此番成永别，相视莫潸然。

在诗中，杨匏安自豪地宣布自己"临难节独全"，保持了一个共产党员慷慨赴死，临节不苟的不屈精神，同时，也嘱咐难友和亲人，虽然此去成永别，但不要为他的离去而难过流泪，充分体现了革命乐观主义的精神。

3. 黄竞西家训

黄竞西（1897—1927），江苏江都人。1925年4月加入中国共产党，是中共丹阳党组织创始人之一。1927年3月，参加周恩来领导的上海工人第三次武装起义，以商人身份作掩护，秘密运送武器弹药。"四一二"反革命政变后，因叛徒出卖，于6月26日被国民党反动派逮捕。7月4日，在上海被秘密杀害，年仅30岁。6月29日，黄竞西在狱中写给妻子吕楚云的信中写道：

去年孙传芳时在法界被捕，我已料不能再生，哪知还可使我多活一年。在党方面说，多做一年工作；在我们夫妻方面说，多一年的爱情！想到这里，你也可自慰一下。惟今昔情形不同，我终觉得死于今比死于昔使人们可觉悟中国是需要继续革命的，我之死也无余恨。惟我们不能偕老，夫妻能偕老的有几呢？一年、一月、数日的都有，我们已有了十年，也不算少了，宝儿也四岁了。你万勿以我而悲伤。你的体弱，千万要保重，抚养小儿长大读书，能继我志而努力才好。身后家中事我托伯哥、楚哥、岳舅等，我想也无大问题。惟使你更苦罢了。我希望你本我耐苦的素志，倘有问题可和伯、楚等商量，伯哥爱我如手足，你可常和他通信。祖父年老了，我事最好勿告他，免他心急。店事请楚哥与岳舅商量，并望霖哥为我各处设法，可无问题。倘要钱用，可请霖兄去借。楚姊！你心爱的情人，不能再和你会面了，会时难过又不如不会了。死是一快乐事，尤其是为革命的。我在未死前，毫不畏惧。你们不要痛心。死者已矣，惟望生者努力，束之仇将来欲报。月坡是投机分子，个人主义者，我终说像他那样的三民信徒，国民党就不堪了。长林处可函去报告。老虎毯在石寿处，托普成去问他。要钱可向伯哥借些先用。我个人的遗体随他在上海好了，革命的精神与尸骸同葬一处好了。你不要穿白衣，带这样重孝，只要臂章黑纱志哀可也，尤不要迷信，请和尚，买纸箔，空费金钱于无益。我不能再几天一信一片的常通音信了。我虽死，我精神终萦绕于你的左右，只当未死好了。千万不要哭，你弄坏身体小儿无人照应，我反不放心。我相信你一定可以依照我的遗言，一若我活在家中一样，那么我在地下也可瞑目了。最后祝你健康

你的爱弟　竞西

在上海　六.二九

这封信既有共产党人视死如归的刚强，又有丈夫对爱妻的柔情。1926年，黄竞西曾在法租界被捕，当时已作好牺牲的准备。但竟未死，对此，黄竞西说："在党方面说，多做一年工作；在我们夫妻方面说，多一年的爱情！"有义有情，写得多好啊！他们的孩子宝儿才四岁，黄竞西要妻子"抚养小儿长大读书，能继我志而努力才好"，这是父亲留给孩子的遗言，也是一个革命者的家训。他相信妻子"一定可以依照我的遗言，一若我活在家中一样，那么我在地下也可瞑目了"。在这封信中，黄竞西除了

表示出"死是一快乐事,尤其是为革命的"这样的革命英雄主义外,大多都是在向爱妻倾诉爱情、对孩子的关切、对家事的操心、对年老祖父的牵挂。读后更让我们对像黄竞西这样的共产党人、革命烈士产生无限的敬仰。

4. 阮啸仙家训

阮啸仙(1897—1935),广东河源人。1921年加入中国共产党,历任中国社会主义青年团广州地委书记、第三届广州农民运动讲习所主任。1927年在中共五大上当选为中央委员。1928年至1930年先后任中共广东省委、江苏省委、辽宁省委领导。1931年9月18日,日本帝国主义侵占沈阳,中共辽宁省委遭到严重破坏。阮啸仙幸而走脱,辗转扶病回到上海,但由于党中央机关的转移,他和党暂时失去联系。后凭着坚定的革命信念,经过不懈的努力终于渡过难关,找到了党组织。1932年冬,阮啸仙在上海担任全国互济总会救援部长。1933年下半年,阮啸仙受党组织派遣赴中央革命根据地工作。1934年9月,担任赣南省委书记兼省军区政治委员。10月,红军主力撤离中央苏区实施战略转移,他奉命留下来领导赣南省委、省军区坚持游击斗争。1935年3月6日,率部队突围时,在江西信丰、大余交界的马岭壮烈牺牲。

1933年6月16日,阮啸仙在上海工作,奉命远赴中央根据地之前,曾给儿子阮乃纲写了一封信。信中说:

爱儿:

你不是要我买什么书给你吗? 我本来是很穷的,现在更穷上加穷,变成一顿找来一顿吃,有了今天明日愁,就由得明日忧了,连今写信给你的邮票，都费了很大力量得来的呢？说起来，恐怕有些人不大相信吧。其实这些年头，这些事，这些人多着咧。

　　爱儿：我希望你好好的读书，放学回来或暇日要助家做一些日常应做的事，譬如弄饭煮菜等事。……煮饭虽小，但含有许多道理科学作用，不过"前人种竹，后人享福"，见惯不怪，以为无希奇被人忽略过去了。总之，一事虽小，增长的见识就不少。古人说：闻君一晚话，胜读十年书，这是经验之谈也。望你从实际上去学习。

　　爱儿！你想学好，你应该向你眼前的事情去学，事无大小，都有它的道理的。想见识多，有本事能耐，不必向上海或外国花花世界去学，随时随地随事都是书本，都有够学的道理在，哪怕是烧火煮饭的小事，你想知道火是什么东西？从何而来？它对于人群社会有何益处？有何害处？如何用之才有益而无害？那就够你想了。

　　今晚因为下雨，未有伞又没有雨鞋，不能往外跑，抽暇写这封信给你，望你给我回信！……

父字

六月十六日晚上十二时

* 阮啸仙烈士（1897-1935）

在这封信的开头，阮啸仙提到："你不是要我买什么书给你吗？"针对儿子要自己买书这件事，阮啸仙引申开去，告诉儿子"随时随地随事都是书本，都有够学的道理在"，"事无大小，都有它的道理的"。阮啸仙这样说，并不是说反对儿子从书本上得到知识，而是更希望儿子能从社会实际中去获得知识，学会本领。阮啸仙是一名共产党员，革命者，但是从这封家信中看，完全是一个父亲和儿子之间的对话，话语平实坦率，没有空洞的说教，将做人的道理寓于普通的家信之中。

5. 蒋径开家训

蒋径开（1898—1936），湖北英山人。北京大学毕业。1925年加入中国共产党，是英山县党组织创建人之一。1929年以安徽省立旅沪中学教育长的合法身份赴上海，任中共上海闸北区区委书记，以办教育为掩护，秘密从事工人运动和学生运动。1933年3月，因叛徒告密被捕，押到龙华

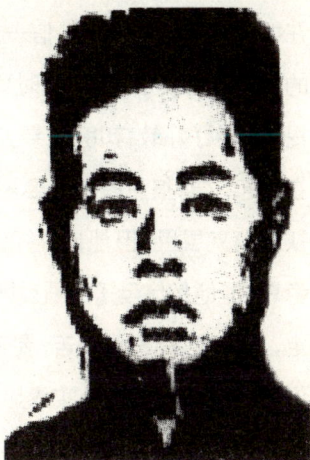

＊蒋径开烈士（1898–1936）

警备司令部审讯，受尽酷刑，坚强不屈。1934年转押到上海漕河泾监狱，备受折磨。1936年英勇就义。1935年3月18日，蒋径开在狱中给妻子张子乡写下遗书。全文为：

子乡：

　　你好吧！生活如何？时在念中。我现估计他们是不会放过我的。但是你千万不要悲伤，以后你会有像我这样的好人照顾你的。宗儿你要好好教育他。今后不要和他们一起，和他们在一起是没有出息的，因为他们是人们最恶恨的一群豺狼。豺狼总有一天要被人们打死的。你要坚定、镇静、不怕威胁、不怕艰苦，带着宗儿活下去。总有一天是属于我们的，不信，等着看吧！顺祝
近佳

径字
二十四年三月十八日于曹河泾

　　这封遗书篇幅不长。写好以后藏在棉袄衣角夹层里，后其妻张子乡在拆换棉袄时才发现。信一开首，就表达了对妻子的思念。然后，以平和的口气告诉妻子，自己随时可能被害，要妻子千万不要悲伤。接着向妻子提出，要好好教育儿子，要儿子长大后不要和"人们最恶恨的一群豺狼"在一起，"豺狼总有一天要被人们打死的"。蒋径开尽管是将遗书藏在棉袄衣角夹层里，但他也做好让敌人搜去的思想准备，因此，信的用词有点隐晦，但他相信妻子一看就明白"豺狼"指谁。最后，他鼓励妻子坚定、镇定，不怕威胁，不怕艰苦，要带着孩子活下去。蒋径开是北大文科毕业的，但这封遗书却写得朴实浅显，然而就是这样的文字，今天读来，依然觉得有巨大的感染力。

6. 李硕勋家训

李硕勋（1903—1931），又名李陶，四川庆符（今高县）人。中学时期正值五四运动爆发，他立即投身运动中，从此，便开始了他的革命生涯。1921年，当选为全省学生联合会出版部主任，组建了四川省社会主义青年团。8月，因反对军阀被通缉，被迫离开四川去南京，次年到北京。1923年进上海大学社会学系学习。1924年转为中共正式党员。"五卅"惨案后，李硕勋被选为全国学联总会会长，同年参加上海工商学联合会的领导工作。1926年秋，党中央调李硕勋去武汉，担任国民革命军第二十五师政治部主任。1927年参加南昌起义，任二十五师党代表，后率部上井冈山。1928年到上海，向党中央请示部队行动方针。到上海后，被党中央留下，先后担任中共江苏省委秘书长、浙江省委组织部长、上海沪西区委书记、江苏省委军委书记等职。1931年5月调任红七军政委。由上海到香港后，参加中共广东省委工作，任军委书记，同年7月，去琼州参加游击队军事会议，到海口一上岸便被叛徒出卖，为当地军阀逮捕，9月16日英勇就义，时年28岁。

李硕勋在就义前两天，也就是9月14日，提笔写了两封遗书。一封是给妻子赵君陶的，全文为：

陶：

余在琼已直认不讳，日内恐即将判决，余亦即将与你们长别，在前方，在后方，日死若干人，余亦其中之一耳。死后勿为我过悲。惟望善育吾儿，你宜设法送之返家中，你亦努力谋自立为要。死后尸总会收的，绝不许来，千嘱万嘱。

另一封是写给柯麟医生的妻子陈志英:

英妹:

我本不识你,但我曾知你同我的妻子是朋友,故特寄一函存你处托转她。我死不必念,务望代安慰她!!!并望托人照料她回家去!!!

要她向胞兄(即童汉夫——编者注)处要数百元作路费回家(川),根本把儿子安顿好为要。

勋托

李硕勋的这两封遗书都很短,不能尽言,这是和李硕勋当时被关押的环境有关的。就从这短短的文字中，可以看出李硕勋作为革命者视死如归的豪迈气概。因是被叛徒出卖，李硕勋因此对自己共产党员、革命者的身份无需遮掩，而是以自豪的精神"直认不讳"。对于自己的死，他说"在前方，在后方，日死若干人，余亦其中之一耳"，自己只是在前方、后方每天为革命而牺牲的同志中的一员。作为一名父亲，他关心刚出生不久的孩子，要妻子"善育吾儿"。在通过陈志英转交的遗书中，也提出"根本把儿子安顿好为要"；作为丈夫，他又叮嘱妻子"努力谋自立为要"。按当时的恶劣环境，这两句话饱含了李硕勋作为父亲、丈夫的炽烈情感，他也知道妻子要实现他的这个遗言要克服多大的困难啊。李硕勋烈士的遗书，后来通过难友、狱卒的关系，寄往香港。几经周折，才最后交到妻子赵君陶手里。1959年，赵君陶将这封遗书捐赠给中国人民军事博物馆，使之成为一份极富教育意义的珍贵教材。

7. 石天柱家训

石天柱（1904—1930），四川合川人。1925年加入中国共产党。1926年5月创办合川青年社。1926年夏，受党指派到合川江防军工作。9月，入上海大学学习，负责上海学联的大学学运工作和农运工作，参加了上海工人第一次武装起义。1927年4月下旬，任共青团浙江省委书记。同年8月13日被国民党逮捕。1930年8月7日，石天柱被枪杀于浙江陆军监狱，时年26岁。

在狱中，石天柱和难友金克年关在一起。三年的铁窗生涯，他们朝夕相处，成为至交。石天柱临刑前，对金克年留下遗言。他说：

人是免不了死的，问题是死得是否有价值。不过我觉得死得过早，先前我对人类没有尽过很多的力，对于生似乎还有一些留恋，但决不是贪生或是畏死。克年，永别了！你和我的弟弟以及爱我的亲友们不要为我而悲伤，为我而流泪，应为我而努力，应为我而奋斗！所有我未竟的事业，希望您和我的弟弟给我忠诚地去完成，我相信你出去后一定能跟我弟弟要好，正如我同你一样。最后，希望你们健好！①

在这段遗言中，石天柱面对即将到来的死亡，提出了"人是免不了死的，问题是死得是否有价值"。他也觉得自己死得早了些，但这种遗憾，不是贪生，也不是畏死，而是遗憾于自己此前对人类没有尽过很多的力。石天柱的这种面对即将到来的死亡发出的遗憾，对于一个只有26岁的年轻人来说，是很真实的。但是，他对"死得过早"略嫌遗憾，丝毫不妨碍他慷慨赴刑，从容就义。遗言的第二部分，要求难友金克年及自己的弟弟以及亲友去忠诚地完成他未竟的事业，即革命斗争。他要他们不要为他的死而悲伤、而流泪，而是应该为他而努力，而奋斗。语言朴素，但我们能从中看到烈士的一腔热血，为理想而赴死的革命英雄主义。

8. 李少石家训

李少石（1906—1945），广东新会人。第一次国内革命战争时期加入共产主义青年团，不久加入中国共产党。曾在香港海员工会、党联系上海和苏区的香港交通站、上海工人通讯社、中共江苏省委宣传部等处

---

① 鲁秋园编注：《红色遗嘱》，江西人民出版社，2006年6月出版，第169页。

工作。1934年因叛徒出卖被捕,1937年获释。抗战后曾在港澳工作一个时期。后赴重庆,在中共中央南方局外事组工作。1945年10月8日不幸遇难逝世。

李少石于1934年被捕之后,知道自己随时有遭到敌人杀害的可能,于是留下了两首诀别诗。其中写给母亲的一首诗题为《寄母》:

> 赴义争能计养亲?时危难作两全身。
> 望将今日思儿泪,留哭明朝无国人[①] 。

写给妻子的一首诗题为《寄内》:

> 一朝分袂两相思,何日归来不可期。
> 岂待途穷方有泪?也惊时难忍无辞。
> 生当忧患原应尔,死得成仁未足悲。
> 莫为远人憔悴尽,阿湄犹赖汝扶持。[②]

在给母亲的遗诗中,李少石一开始就向母亲表达了自己为了革命事业无法考虑侍奉母亲,"赴义"和"养亲"难以兼顾,为了革命大义,立志慷慨赴死,因此,希望母亲将思念自己的眼泪,洒向那些在日寇铁蹄下挣扎反抗的"无国人"。从诗中也可看出,李少石的母亲也是一个深明大义的女性。

在写给妻子的遗诗中,李少石一是表达夫妻之间"两相思"的情感,委婉地告诉妻子,自己的归来已"不可期"。二是向妻子表白,自己生当

---

① 引自姜烁编著:《千古英雄绝命辞》,团结出版社,2005年1月出版,第303页。
② 同上。

忧患之世，原就应该走这条为人民谋幸福的革命道路，所以今天如果就义，是"死得成仁"，望爱妻不要悲伤；三是勉励妻子不要为自己的死而"憔悴尽"，要坚强地活下去，更何况女儿阿湄还要靠你扶持教养。全诗表达了一个丈夫对妻子的思念和信任，一个父亲对孩子的关爱。

9. 骆何民家训

骆何民（1913—1948），原名骆家骝，又名仲达。江苏江都人。1927年加入中国共产主义青年团，后转为中共党员。1929年秋到上海，进浦江中学读书。1930年秋，到苏北参加红十四军。"九一八事变"后，积极参加抗日宣传活动。1932年5月，在中共中央军委从事交通工作，化名何福林，任共青团沪西区委组织部部长。抗日战争爆发后，到上海参加抗日救亡工作。上海沦陷后，先后到武汉、桂林、福建永安等地担任《国民日报》、《阵中日报》编辑和《开明日报》主编，参加共产党人杨潮等组织的

* 骆何民烈士（1913—1948）

东南出版社。1946年在上海从事中共地下刊物《文萃》杂志的印刷出版工作，1947年7月21日被捕。1948年5月被解往南京，在狱中受尽酷刑，毫不屈服、视死如归。12月27日，被活埋于南京雨花台。在就义前骆何民给妻子费枚华留下这封短信：

枚华：

　　永别了！望你不要为我悲哀，多回忆我对你不好的地方，忘记我。好好照料安安，叫她不要和我所恨的人妥协。

　　母亲、开哥、根弟不另。

仲达　留

卅七·十二·廿七

　　骆何民写给妻子的这封遗书很短。一开始就向妻子诀别。然后要妻子不要因为他的死去而悲哀。接着嘱咐妻子，一定要好好扶养女儿安安，一定要教育女儿长大后不要和敌人妥协。这样的遗言，没有一句口号，但是足以让家人、让后代从中感觉到一种巨大的精神力量。

10. 王孝和家训

　　王孝和（1924—1948），浙江宁波人。从小家境贫寒。少年时代，就受到党的教育和影响。1941年5月，在中学念书时加入了中国共产党。以后，党派他到上海电力公司工作。他积极参加了上电工人对美国资本家、国民党反动派的历次斗争，深受工人群众拥护，被选为杨浦发电厂工会常务理事。上海解放前夕，同工人群众一起，和国民党反动派进行了坚决斗争,遭阴谋陷害,被捕入狱。他饱受了严刑拷打和残酷折磨,始终坚贞不屈,把敌人的法庭变成了揭露国民党反动派罪恶的讲坛,一直坚持着顽强的斗争。1948年惨遭敌人杀害,时年24岁。

在就义前,王孝和分别给父母和妻子留下遗书。在给父母的遗书中,王孝和写道:

父母双亲大人:

好容易养到儿迄今,为了儿见到此社会之不平,总算没有违背做人之目的。今天完成了我的一生,但愿双亲勿为此而悲痛,因儿虽遭奇冤,而此还是光荣的,不能与那些汉奸走狗、贪官污吏可比。瑛,她太苦了,盼双

* 王孝和高呼口号,走向刑场。(《中国共产党70年图集》,上海人民出版社1991年出版)

亲视若自己亲女儿，为她择个好的伴侣，只愿她不忘儿，那儿虽在黄泉路上也决不会忘恩的。琴女及未来的孩子佩民应告诉他们儿是怎样为什么而与世永别的？！儿之亡对儿个人虽是件大事，但对此时地的社会说来，那又有什么呢！千千万万有良心有正义人士，还活在世上，他们会为儿算这笔血账的。

双亲啊！保重身体睁开慧眼等着看吧！这不讲理的政府就要垮台了！到那时冤白得伸，千万不要忘记那杀人魔王，与他算账！

人亡之后，一切应越简单越好，好在还有二个弟弟，盼他们也拿儿之事，刻在心头，视瑛如自己姐姐，视二个孩子如自己骨肉，好好的教导他们，为儿雪冤，为儿报血仇！

特刑庭不讲理，特刑庭乱杀人，特刑庭秘密开庭，看他们横行到几时？冤枉啊！冤枉！冤枉！

你的不孝男王孝和泣上

民国卅七年九月廿七日

给自己的妻子忻玉瑛的遗书全文为：

瑛妻：

我很感激你，很可怜你，你的确为我费尽心血，今天这心血虽不能获得全美，但总算是有收获的。我的冤还未白，而不讲理的特刑庭就决定了我的命运，但愿你勿过悲痛。在这不讲理的世上不是有成千上万的人在为正义而死亡？为正义而子离妻散吗？不要伤心！应好好的保重身体！好好的抚导二个孩子！告诉他们，他们的父亲是被谁所杀害的！嘱他们刻在心头，切不可忘！对我的双亲你得视如自己亲父母一般。如有自己看得中的好人，可作为你的伴侣，我决不怪你，而这样我才放心！

但愿你分娩顺利！未来的孩子就唤他叫佩民！身体切切保重，不久还可为我伸冤、报仇！各亲友请代候，并祈多多照应为感。

特刑庭不讲理，乱杀人，秘密开庭，看他横行到几时！！！冤枉！冤枉！冤枉！冤枉！冤枉！

你的夫

王孝和　血书

三七·九·二七，二时

在给父母的遗书中，王孝和向父母表达了自己没有违背做人之目的，光荣而死的情感，愿双亲不要为自己的死而悲痛。对自己两个孩子，要求

* 王孝和在狱中写的遗书。(《中国共产党70年图集》，上海人民出版社1991年出版)

父母能告诉他们,他们的父亲是怎样离开这个社会,为什么会离开这个社会的,是要父母将自己被押、被刑的真相告诉孩子,用自己的死,来教育孩子。他坚信,"这不讲理的政府就要垮台了!到那时冤白得伸。"告诫家人,"千万不要忘记那杀人魔王,与他算账!"

在写给妻子忻玉瑛的遗书中,他表达了对妻子的感激之情,望妻子不要为自己的死过度悲痛,因为,"在这个世界上,不是有成千上万的人在为正义而死亡、为正义而子离妻散吗?"他叮嘱妻子,要多保重,抚养好两个孩子,让他们知道他们的父亲是被谁杀害的。

在以上这两封信中,王孝和叮嘱父母对媳妇要像对亲女儿那样,叮嘱两个弟弟对嫂子要像对亲姐姐一样,又叮嘱妻子对公婆要像对自己的亲生父母一样。同时,对妻子的未来,王孝和要求父母"为她择个好伴侣",要求妻子,"如有自己看得中的好人,可作为你的伴侣,我绝不会怪你,而这样我才放心!"表现了像王孝和这样年轻的共产党人,除了有视死如归的革命坚定性以外,还充满着浓浓的人情味,使我们今天读来唏嘘不已。

第六章

上海著名民主人士和实业家家训

1. 张元济家训

张元济（1867—1959），中国出版家。字筱斋，号菊生，浙江海盐人。清光绪进士，曾任刑部主事、总理各国事务衙门章京。因参加维新运动，戊戌政变时被革职。后在上海致力文化事业，主持南洋公学译书事宜，后接任公学总理。光绪二十九年（1903年）进商务印书馆，先后任编译所所长、经理、监理、董事长，参与创办《东方杂志》、《教育杂志》、《小说月报》等。规划出版《辞海》、《中国人名大辞典》、《中国地名大辞典》，主持影印《四部丛刊》，校印百衲本《二十四史》。辑有《续古逸丛书》。建国后任上海市文史研究馆馆长、商务印书馆董事长，并先后当选为第一届全国政协委员、第一届、第二届全国人大代表。著有《校史随笔》、《涵芬楼烬馀书录》、《涉园序跋集录》等。

张元济的始祖名张九成，原籍河南开封，生当北宋末年。金兵南侵随宋高宗南渡，定居钱塘。他曾任丞相，主战，受秦桧排挤，谪居十

＊ 张元济 (1910)

余年,著书立说,谥文忠,著有《张状元孟子传》、《横普文集》。张元济对始祖张九成非常景仰,曾在这两部书的跋文中称始祖"不受权贵之饵","以挽弱宋而奋中兴"、"清明刚正,国家是急",对始祖给予很高的评价。明太祖朱元璋洪武初年(约14世纪六七十年代),张元济的20世祖张留孙带领一支儿孙从钱塘迁至海盐,这就成了海盐张氏的"始迁祖"。明万历年间,张家出了一位文人张奇龄(1582—1638),人称大白先生。他居住在海盐南门外乌夜村,将自己的读书处称为"大白居"。张奇龄晚年,恰逢明朝内遭李自成、张献忠领导的农民大起义,外有满族铁骑不断南侵,明王朝处于风雨飘摇之中。于是,张奇龄为张家立下家训:

吾家张氏,

世业耕读;

愿我子孙,

善守勿替;

匪学何立,

匪书何习;

继之以勤,

圣贤可及。

张元济祖上张奇龄立下的家训,强调"世业耕读",要求子孙"善守勿替"。这一家训,对于后世影响很大,后代子孙大多都能秉承家训,以读书、藏书、著书、刻书为终身事业,其中张元济就是秉承张氏家训最杰出的代表。他于1914年在上海极司非而路(今万航渡路)建造新居时,亲自将家训以隶书缮写,请人镌刻在四块柚木板上,镶嵌入客厅的拉门上。1939年迁居时，又将这四块柚木板拆下。1987年海盐县建成张元济图书馆，内设张元济纪念室，征集张元济遗物，张元济儿子张树年将其捐出，现在成了张元济图书馆收藏的一件珍贵文物。张元济家训也永远昭示着后人。①

张氏家训不只是停留在字面上，也贯穿于张家的家教中。张元济在13岁之前，受到家庭的严格教育。他的父亲张森玉（1842—1881）曾给他讲述张惟赤的事迹。张惟赤（1615—1676）为张奇龄之子，字侗孩，别号螺浮，清顺治乙未年进士。康熙初年在朝中任官，以直言敢谏著称。当时皇帝冲龄，权奸秉政，张惟赤敢于冒死上疏，奏请康熙亲政。此前，张惟赤曾针对入关不久的清统治者歧视汉人的问题，大胆上奏，提出刑部审讯记录不宜单凭满族官员执笔。张惟赤的刚正秉直的品格体现了张氏良好的家风，给张元济留下了深刻的印象。

张惟赤返回故里后，建"涉园"，内有丰富的藏书。其子张皓，人称小白先生，也在康熙朝为官。告老返乡以后，承继父志，以书为友。以后涉园历经康、雍、乾、嘉，修缮不断，藏书日盛，乾、嘉之际，江浙名流、学者来涉园借书、校勘、游园、赋诗者不断。但到张元济听取父亲讲述涉园历史时，涉园已成废墟，藏书也已随战乱散失殆尽。张元济在14岁时，随母亲来到故乡浙江海盐，曾多次去南门外乌夜村寻访涉园故址，数十年后，张元济四处访购涉园旧藏书籍，不能不说受张氏家训和父亲家教所影响。②

张元济一生，受母亲的影响很大，他对母亲的感情极深，也非常崇敬母亲。母亲谢氏，东晋谢家之后。她是一个有文化、有主见、治家有道、教子有方的贤妻良母。1880年，张元济父亲去海南陵水县赴任，张元济母亲

---

① 张树年：《我的父亲张元济》，百花文艺出版社，2006年6月出版，第7页。
② 张人凤：《智民之师张元济》，山东画报出版社，1998年10月出版，第5页。

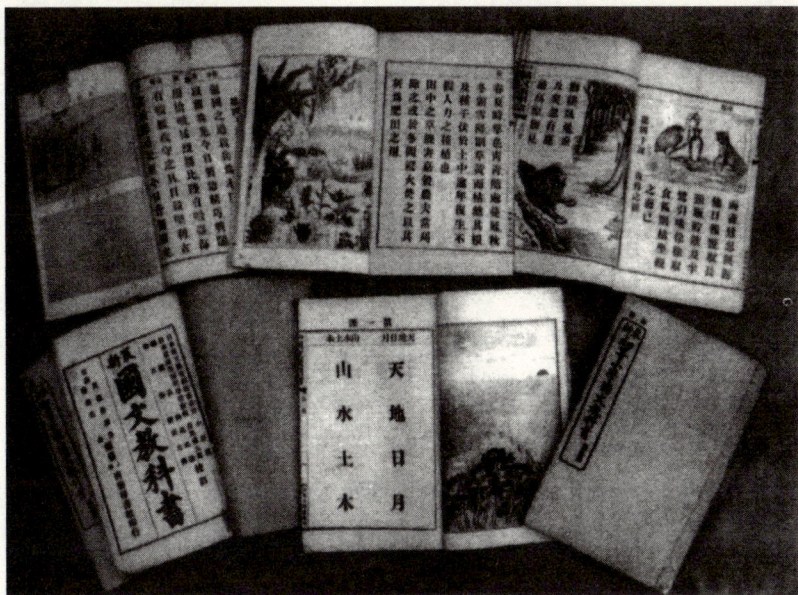

携全家定居海盐,购得虎尾浜南岸一所旧屋。张元济母亲请人稍事修葺,她亲自油漆门窗。据张元济回忆,母亲把一件沾有油漆的旧衣服保存下来,并取出以示后辈,从中领悟节俭之道。[1] 张元济母亲治家节俭,家中尽食素菜,荤腥极少进门,连吃咸鸭蛋也不常有。但是,在对子女的教育方面,却从不吝啬。一开始,她送张元煦、张元济兄弟俩到塾师家就读,后来张元济兄弟俩中秀才后,她特聘海盐有名的朱福诜先生来家授读。延请名师开支自然不小,但张元济母亲宁可省吃俭用,也要为孩子请来名师。

---

[1] 张树年:《我的父亲张元济》,百花文艺出版社,2006年6月出版,第5页。

张元济母亲对孩子的品德教育也非常重视。有一件事，对张元济日后影响至深。张元济父亲殁于海南，张元济母亲带领张元煦前去奔丧，护送灵柩归葬海盐。行程中忽起大风，将一位轿夫卷入海中，尸首无存。对此，张元济母亲极为内疚，以后每年逢此日期，必定焚香遥祭。她并教导张元济等子女，勿忘这位不知名的轿夫。

张元济继承了祖辈父母的家风，对子女的文化知识和品德修养的教育非常重视。据张元济的儿子张树年回忆。张元济迁居极司非而路新居以后，考虑到离商务印书馆编译所较远，孩子不能再入原来就读的爱国女校继续念书，更何况儿子张树年读完一年级后原本就不能升入二年级（爱国女校仅一年级男女兼收），张元济和妻子商量后，决定延聘家庭女教师，以保证孩子的念书求学。家里还专门为女教师准备了卧室兼教室。据张元济儿子张树年回忆，他在家延聘教师长达8年。张元济还亲自教授孩子。夏天的晚上乘凉时，张元济教儿子对对子，如"双亲"对"两老"等，教儿子懂得平上去入四声。张元济的孙女读书识字的启蒙教材，是商务印书馆早年出的一套《五彩精图方字》，正楷毛笔字体就是张元济手书。当他发现孙子张人凤喜欢看地图，就买来多种商务版的地图给孙子，不时还向孙子提一两个有关地名方面的问题，叫孙子回答。他还教孙子读背《世纪歌》，讲解《中国寓言故事》中的短故事，教孙子写日记，写好由他修改。张元济还利用家中的摆设，给孩子讲解一些常识，如指着家中的象牙雕大象，就给孩子介绍印度产大象，因象高大，有蛮力，人们用它从森林中运木材，一头象可抵许多人力。又如见到巴拿马沙土，就向孩子们讲美洲地理情况，介绍巴拿马运河可以缩短路程，不必绕道麦哲伦海峡。据张树年回忆，父亲给他讲的华盛顿故居斧头的故事给他留下深刻的印象。父亲告诉他，在华盛顿故居门首有一棵樱花树，华盛顿幼年时用一把斧头将

樱花树砍去,他父亲知道后,训斥一顿,并命其照样补种一棵。张元济知识渊博,他通过随见随说的闲谈,既向孩子们传授知识,扩大了他们的视野,同时,也对孩子的品德以教育。①

1923年春,张树年到圣约翰去读中学,张元济亲自送儿子到学校,临别时张元济叮嘱儿子:首先用功读书,闻此校洋教师较多,授课均用英语,汝应用心听取。其次是择友,应与人品正、成绩优的同学多接近。再次应注意学校制定的各种制度,遵循不误。最后,应选一二种时间、体力适合的课外活动,适当参加。② 张元济的这四点叮嘱,包含了文化知识学习、交友、遵守规章制度、适当参加课外活动,即使在今天,对我们的子女、学子,都是有参考作用的。1931年,张树年从圣约翰大学毕业,获得经济学

① 见张树年:《我的父亲张元济》,百花文艺出版社,2006年6月出版,第35页。
② 同上书,第159页。

学士学位，张元济怀着喜悦的心情出席了儿子的毕业典礼。张元济后又送儿子到美国留学，1932年9月，张树年取得了纽约大学硕士学位。

张元济对孩子读书的要求还表现在他对其他人身上。张元济曾在一首诗里写道："昌明教育平生愿。"他是这样写的，也是这样做的。他曾资助过不计其数的人上学，有本族的，也有外姓的，从送上小学的到送出国留学的都有。据张元济侄孙女张祥保回忆，张元济曾面嘱她"好好读书"。张祥保中学毕业时，正值抗战，家境不佳，张祥保父亲提出让女儿休学，但张元济坚持要侄孙女继续上大学，并嘱咐她应学更实用些的东西，如医学、经济等等。正如张祥保说的，这也许有助于说明为什么张元济一生中从不在诗文创作方面花费精力。他把一生献给了实实在在的普及教育、传播文化的事业。① 张祥保对其叔祖张元济的评价是非常精到的。

---

① 见张树年：《我的父亲张元济》，百花文艺出版社，2006年6月出版，第248页。

对于做人，张元济除了要子女孙辈慎交友外，他还多方面提出要求和希望。据张祥保回忆：

我记不得叔祖对我说过什么警句、训导。留给我印象最深的一次是在我生活中受到了委屈之后，他对我说了大意是这样的话："不要让人可怜你，你的为人要使人感到本不该这样对待你。"他给我讲了曹操说的话：宁我负人，勿人负我。我应该做个和曹操截然不同的人。我回想起来叔祖的为人便是：宁人负我，勿我负人。我见到叔祖给我父亲的一封信中有这样的一段话："凡是只在自己不做错，外来毁誉可不问也，过去情形作为镜花水月可耳。"

张祥保大学毕业后开始工作的那天，张元济送给侄孙女一首诗："勤、慎、谦、和、忍，五字莫轻忘，持此入社会，所至逢吉祥。"[1] 张元济口中的"宁人负我，勿我负人"、"凡事只在自己不做错，外来毁誉可不问"，"勤、慎、谦、和、忍，五字莫轻忘，持此入社会，所至逢吉祥"，真堪为张元济新的家训也。

1959年8月14日，93岁的张元济病逝于上海华东医院。入院前，他写过一首《告别亲友诗》：

维新未遂平生志，解放功成又一天。

报国有心奈无命，泉台仍盼好音传。

也在这一年，他拟了一副《自挽联》：

---

① 见张树年：《我的父亲张元济》，百花文艺出版社，2006年6月出版，第248页。

好副臭皮囊，为你忙着过九十年，而今可要交卸了；

这般新世界，纵我活不到一百岁，及身已见太平来。

张元济祖上留下的家训以及他自己在家教家训方面的事迹、谈话、诗文，已成为中国家训文化中一笔新的宝贵遗产。

2. 荣宗敬、荣德生家训

荣宗敬、荣德生昆仲是近代中国著名的爱国实业家。他们是中国历史上一代企业家的楷模，为推动我国民族工业的发展作出了重要贡献。

荣宗敬（1873—1938），原名宗锦，江苏无锡人。清光绪十三年（1887）到上海钱庄学徒。光绪二十二年任上海广生钱庄经理。光绪二十六年在无锡兴建保兴面粉厂，后改组为茂兴面粉厂，任批发经理。光绪三十一年

* 荣宗敬

与弟荣德生在无锡办振兴纱厂，任董事长。1912年集资创立上海福新面粉厂，任总经理。1916年创办申新纱厂，任总经理。1921年在上海设立茂新、福新、申新总公司，任总经理。1925年参加"五卅运动"罢市斗争。1927年南京国民政府成立后，拒绝认购江海关二五附税库券，被蒋介石下令通缉和查封财产。30年代，荣氏企业曾陷入危机。抗日战争爆发后，为逃避日军胁迫，避居香港。毕生致力于发展民族工业，后病逝于香港。

荣德生（1876—1952），原名宗铨，号乐农，江苏无锡人。清光绪十五年（1889年）到上海钱庄当学徒。光绪十九年到广东谋生。光绪二十二年在上海广生钱庄管账，兼无锡分庄经理。光绪二十六年与人合办保兴面粉厂，任经理。光绪三十一年在无锡办振兴纱厂，任经理。1912年出席全国工商会议。后创办上海福新面粉厂、二厂、三厂、四厂、六厂，茂新二厂，申新纱厂等。有"面粉大王"、"棉纱大王"之称，在中国民族资本家企业中具有举足轻重的地位。30年代前期，企业面临危机，大部分厂家被抵押。抗日战争期间，拒绝与日人"合作"经营。抗战胜利后，1946年在

* 荣德生

上海遭绑架，被勒索巨款。1948年任荣氏企业总管理处总经理。解放前夕，制止将申新工厂机器拆迁台湾，与工人一起护厂，迎接解放。建国后，任无锡申新纱厂总经理，全国政协委员、华东军政委员会委员和苏南行政公署副主任。

荣宗敬、荣德生兄弟虽然出生于无锡，在无锡等地开设工厂多家，但他们的实业主要还是以上海为主，荣家不仅是上海杰出的实业家，也是上海的一大望族。

荣氏昆仲之所以能在实业上取得成就，除了他们自己的努力之外，和荣氏家训是分不开的。兹将荣氏家训录之如下：

圣谕当遵

孝顺父母，尊敬长上，和睦乡里，教训子孙，各安生理，毋作非为，此明太祖训辞也，只六句，已包尽为人道理。我朝圣谕广训十六条，天语煌煌，弥加详备，凡我士庶，宜各诵习，冀成善俗焉。

孝弟当先

孝也者，善事父母之谓；弟也者，善事兄长之谓。循此道，则为端人，为正士，即至圣贤不难；违此道，则为逆子，为恶人，虽与禽兽何异！世无原为不孝不弟之人者，但其始起于忽微，而无人教正之，遂入于大恶矣。今后吾族子孙，如有不孝不弟者，众执而切责之，开其自新之路。倘仍怙恶不悛不可贷者，众鸣于公，以正典刑。

祠墓当展

祠，祖宗神灵所依；墓，祖宗体魄所藏。子孙思祖宗，不可不见见所依所藏之处,如见祖宗一般。春秋祭祠,一岁不过二次。凡年在十六以上者,均宜衣冠往拜,必敬必诚。祭毕而燕,尤宜分别尊卑,挨次序坐,不可杂乱喧哗。至于墓祭,苟非远出及有病,必须亲往。有坏则葺,有漏则补,蓬棘则剪伐之,树木则爱惜之。其历代祖坟,或被侵害、盗卖、盗葬等情,则同心合力而复之。此事死如生、事亡如存之道,族人所宜急讲者。

族 长 当 尊

古者宗法立,而事统于宗;今宗法不行,而事不可无统也。一族之人,有长而公正者焉,分莫逾而贤莫及也,何族宜尊敬而推重之,有事必禀命焉。有司父母,斯民势分相悬,而情或不通。族长率领一族,耳目甚近,无不立辨其是非者。凡我族人,咸知敬信,庶事有所统,而里中不肖子弟稍知畏惧云。

宗 族 当 睦

《书》曰:以亲九族。《诗》曰:本支百世。睦族者,圣王且重,况在众人乎!观于万石君家,子孙醇谨,过里必下车,此风犹有存焉者欤!末俗或以富贵骄,或以智力抗,或以顽泼欺凌,虽能争胜一时,实皆自作罪孽。况相角相仇,循坏不辍,人恶之,天厌之,未有不败者,何苦如此!

尝谓睦族之要有三:曰尊尊,曰老老,曰贤贤。名分属尊行者尊也,则恭顺退逊,不敢触犯;分属虽卑,而年齿迈众者老也,则扶持保护,事以年高之礼;有德行者贤也,贤乃本宗之桢干,则亲炙之,景仰之,每事效法,忘分忘年以敬之。此之谓"三要"。又有"四务":曰矜幼弱,曰恤孤寡,曰周窘急,曰解忿兢。幼者无知,弱者鲜势,人所易欺,则矜之。一有怜悯之心,自随处为之效力矣。鳏寡孤独,王政所先,况我同族,得于耳闻目击

者乎,则恤之。贫者恤之善言,富者恤之财谷,皆阴德也。衣食窘急,生计无聊,虽或自取,命运亦乖,则周之。量己量彼,可为则为,不必望其报,不必使人知,吾尽吾心焉可矣。人有忿,则争斗,得一人劝之,气遂平,遇一人助之,气愈激。然当局者自迷,居间而排解之,族人之责也,亦积善之事也。此之谓"四务"。引申触类,助义田,建义仓,立义学,筑义冢,周旋同族,使死生无所失,皆豪杰所当为者。善乎!

范文正公之言曰:宗族于吾,固有亲疏,自祖宗视之,均是子孙,固无亲疏。此先贤之格言也。人能以祖宗之念为念,自知宗族之当睦矣。

蒙养当豫

子弟是族中之根基。子弟出得好,族中便有兴隆气象;子弟出得不好,族中便有衰败气象。有志振兴者,宜急加意也。古人有胎教,又有能言之教,自小教起,立法周详,是以子弟易于成材。今俗之教子弟,上者教之作文，取科第而已，文章以外不知也。次者教之杂书算数、市井狙诈之计，以便商贾营生。下者溺爱过甚，任其游荡，先人之目未瞑，而嫖赌之资已空，甚至流为乞丐，饥寒以死者往往而有，此虽子弟之不肖，抑亦父兄失教之过也。吾族中各父兄须知，子弟之当教，又须知教法之当正，更须知教子弟之当豫。七岁便入乡学，读书多少，随其资质。渐长，有知便择端悫贤师，日课而外，将孝悌诸故事时加训诲，再令习礼仪，务笃实，近正士，远小人。庶先入为主，习惯自然。纵不能入学中举，就是为农为工为商贾，亦不失为醇谨之善人。

闺 门 当 肃

男正位乎外，女正位乎内，人家之成败，女子关得一半。故君子正家，其闺门未有不严肃者。纵家道不齐，如汲井操臼之类，势所不免。而清白家风，仪度自别。事翁姑要顺，处妯娌要和，待邻里亲戚要敬要睦；勿贪吃着，勿怠纺织，勿离间叔伯，勿溺爱儿女；堂前勿闻妇人声，勿许六婆入门，勿出门看戏看灯，勿结拜姊妹，勿入庙烧香，勿留尼姑僧道在家看经。或不幸而寡居，则丹心铁石，白首冰霜，虽神明亦钦敬焉。如或不避嫌疑，不分内外，凶傲淫妒，诟谇时闻，维家之索可立待也。谚曰：教妇初来，防微杜渐，尚其慎之。

礼 节 当 知

先王制礼三百三千，何等繁重。吾辈士庶，亦宜粗知大概，方不受人耻笑。正衣冠，尊瞻视，言笑不苟，举止安详，此一身之礼也。重师傅，敬宾客，别内外，辨尊卑，庭阶几案，必整必洁，此一家之礼也。又最要者，莫如婚嫁丧祭诸礼。婚不可娶同姓，勿跻妾为妻，勿取再醮妇女，未及笄不过门，夫亡不再嫁，不招赘。门第须辨良贱，勿贪下户财贿，将女许配玷辱。宗祊丧，则竭力于衣衾棺椁坟墓，莫作佛事，棺内不得用金银珍重之物，吊者馈茶，途远待以素饭，不得用鸡豕酒筵。服未除，不嫁娶，不听乐，不与宴贺。衰绖不入公门，葬必择善地，墓上必多栽树木。不得惑于风水，至有终身不葬、累世不葬者。祭则聚精神致，孝享器皿必洁，几筵必整，祭菜必精，尤须备一二时新嘉肴，内外一心，长幼整肃，吾祖庶来飨焉。总之，莫僭越，莫疏忽，斟酌得中，斯谓彬彬之君子。

职 业 当 勤

士农工商，所业虽不同，皆有本职。惰则职业废，勤则职业修，内可慰父母妻子倚赖之心，外可免姗笑于姻里。然所谓勤者，非徒尽力，亦要尽道。如为士者，必须先德行，次文艺，切勿因读书识字舞弄文法，颠倒是非，造歌谣作，匿名揭帖等。为农者，不得窃田水，盗树木，欺赖租粮。为工者，不得作淫巧，售敞伪器皿。为商者，不得纨袴冶游，酒色浪费。其或越在四民之外，不士不农不工不商，茶坊酒肆游荡终年者，是为国家之游民，是为天地之废人。倘更有为隶卒、为倡优者，廉耻既丧，族中当共逐之。

节 俭 当 崇

人生福分，皆有限制，如饮食衣服、婚丧喜庆，尽可从俭，不必奢华。一喜奢华，便有许多不受用处，况多费多取。至于多取，不免锱铢必较，惹人憎怨；且不免奴颜仆膝，仰面求人。是节俭二字，非惟可以惜福，抑且可以养品也。昔人有诗云：常将有日思无日，莫到贫时忆富时。又俗语云：省吃省用省求人。言虽俚，可深思焉。

赋 役 当 供

以下事上，古今通义。赋税力役之征，国家法度所系。若拖欠钱粮，躲避差役，便不是好百姓，且连累里长为我受苦，于心既不安，设或触怒官长，差提到县，被枷被杖，玷辱身家，却仍旧要办纳，不白吃了一场大亏耶！况今皇恩浩荡，力役之征，民几不知。所征银槽，每年每亩统计不过数百文，此外更无所及。百姓之好做，无知今日者。苟有天良，亦何忍不争先输纳哉！《朱子家训》曰：有钱先完正赋，横竖要完，只须早几日耳。不欠官钱，何等安逸。吾族田产不少，宜共知之。

争讼当息

做太平百姓，完赋役，无争讼，便是天堂世界。盖讼事有害无利，要盘缠，要奔走，再要势力；若伪造机关，又坏心术。无论官府廉明与否，一到衙门前，便被胥吏索诈，便受胥吏呵叱。今日探听，明日伺候，幸而见官，理直犹可，理曲到底吃亏，受笞杖，受罪罚，甚至破家亡身，冤仇相报，害及子孙。几曾见会打官司人家，有长进子孙否？以一朝之忿，成百世之仇，有识者不为也。即有万不得已，或关系祖宗、父母、兄弟、妻子事情，私下难处，不得已而鸣官，只宜从直禀诉。官府善察情由，自易剖白，切勿架桥捏词，弄巧成拙。又宜极早回头，不可得陇望蜀，定要争到十分。且须自作主张，切勿听讼师棍党刁唆撺掇，致贻后悔。讼则终凶，凛之戒之。①

《荣氏家训》共十二则。第一则"圣谕当遵"，直接以明太祖训辞"孝顺父母，尊敬长上，和睦乡里，教训子孙，各安生理，毋作非为"六句，作为"为人道理"。第二则"孝弟当先"，"家训"认为，如能"循此道，则为端人，为正士，即至圣贤不难；违此道，则为逆子，为恶人，虽与禽兽何异"。第三则"祠墓当展"，突出"事死如生、事亡如存"的古训。第四则"族长

---

① 引自《荣德生文集》，上海古籍出版社，2002年7月出版，第557—563页。

当遵",提出一族之人尊敬族长,能使"凡我族人,咸知敬信,庶事有所统,而里中不肖子弟稍知畏惧云。"第五则"宗族当睦",提出"三要""四务",三要"尊尊"、"老老"、"贤贤","四务"为"矜幼弱"、"恤孤寡"、"周窘急"、"解忿兢",再引申出"助义田,建义仓,立义学,筑义冢,周旋同族,使死生无所失"。第六则"蒙养当豫",是对子弟教育学习提出要求,提出:"吾族中各父兄须知,子弟之当教,又须知教法之当正,更须知教子弟之当豫。"这一则还提出,孩子通过接受教育学习,"纵不能入学中举,就是为农为工为商贾,亦不失为醇谨之善人"。第七则"闺门当肃",提出"人家之成败,女子关得一半。故君子正家,其闺门未有不严肃者"。第八则"礼节当知",提出有关个人礼仪"一身之礼"和有关家族的"一家之礼",又

* 1986年6月18日,邓小平在荣毅仁陪同下,在人民大会堂接见荣氏亲属代表,并进行亲切交谈。

提出礼节"最要者,莫如婚嫁丧祭诸礼"。并总结为"莫僭越,莫疏忽,斟酌得中,斯谓彬彬之君子"。第九则"职业当勤",提出"士农工商,所业虽不同,皆有本职。惰则职业废,勤则职业修"。第十则,"节俭当崇",提出"节俭二字,非惟可以惜福,抑且可以养品也"。第十一则"赋役当供",认为"赋税力役之征,国家法度所系",告诫族人"吾族田产不少,宜共知之"。第十二则"争讼当息",提出"做太平百姓,完赋役,无争讼,便是天堂世界",然后列举了争讼种种弊害,最后提出"讼则终凶,凛之戒之"。

《荣氏家训》原载清同治十一年《荣氏宗谱》卷十六。从那时到荣氏昆仲,再到荣毅仁,荣家九代都严遵家训。《荣氏家训》对荣宗敬、荣德生和荣毅仁爱国思想的培养,道德的砥砺,门风的培养,起到了极为重要的作用。尤其是当荣宗敬、荣德生及荣毅仁等将实业的重心放在上海,在上海这个十里洋场,不曾被香风熏雨击倒,将民族工业越做越大,《荣氏家训》对他们父子的浸淫和影响是不言而喻的。

1952年,荣德生年78岁。五月下旬,患紫斑症,经多方医治无效,于七月二十九日(农历六月初八)在无锡四郎君庙巷寓所逝世,临终前口授遗嘱,全文如下:

余从事于纺织、面粉、机器等工业垂六十年,历经帝国主义、封建主义、官僚资本主义及反动统治的压迫,艰苦奋斗。幸中国共产党领导全国人民革命胜利,幸获解放,目睹民族工业从恢复走向发展,再由于今年"三反"、"五反"的胜利,工商界树立新道德,国家繁荣富强指日可期。余已年老,此次病症,恐将不起,不能目睹即将到来的工业大建设及世界和平,深以为憾!

* 一九五二年七月二十五日，荣德生口授遗嘱，由七儿荣鸿仁笔录。

毅仁、鸿仁要积极生产，为祖国出力；尔仁、研仁再不可滞留海外，应迅速归来，共同参加祖国大建设。毋违余志，是所至嘱。

七儿荣鸿仁敬录①

在遗嘱中，荣德生首先回顾了自己60年从事纺织、面粉、机器工业的经过，对有幸目睹中国共产党领导全国人民取得革命胜利，目睹了民族工业的发展，感到无比欣喜和激动。对国家繁荣富强充满期望和信心。面对自己终将不起，不能目睹国家更美好的未来充满遗憾之情。同时，对荣

---

① 原载《苏南日报》1952年7月30日，引自《荣德生文集》，上海古籍出版社，2002年7月出版，第335页。

毅仁、荣鸿仁等子侄辈提出要求,要求他们努力生产,关心国家建设,为祖国出力。特别提出"尔仁、研仁再不可滞留海外,应迅速归来"。荣德生这份遗嘱,同《荣氏家训》一样,成为荣家家训的重要组成部分。

3. 黄炎培家训

黄炎培(1878—1965),著名民主革命家、政治活动家、教育家、职业教育的首创者。字任之,别号抱一。江苏川沙(今上海浦东新区)人。清末举人。

黄炎培于光绪二十六年(1900年)考入上海南洋公学。二十九年(1903年)任川沙小学堂校长。同年6月因宣传新思想被捕,经保释后赴日。三十年(1904年)返回上海。次年(1905年)加入同盟会,曾任同盟会上海总干事。三十二年((1906年)与杨斯盛创建上海浦东中学,任校长。辛亥革命后,任江苏省谘议局常驻议员、上海工巡捐局议董、江苏省

* 黄炎培

教育司长、江苏省教育会副会长。1914年后，以《申报》记者身份，遍访皖、赣、浙、鲁、冀五省，考察教育。1915年，赴美考察，回国后提倡职业教育。1917年5月在上海创办中华职业教育社，任理事长。次年开办中华职业学校，大力提倡职业教育。1932年"一二八"事变后，参与发起上海市民地方维持会，支持十九路军抗日。1937年八一三淞沪抗战时，组织上海地方协会，在战区救济、救护，推动民族工业内迁等方面做了大量工作。抗日战争时期，任国民参政会议员，参与筹组中国民主政团同盟，为第一任主席。1945年7月访问延安，同年发起成立中国民主建国会。1949年潜离上海，赴解放区出席全国政协第一届全体会议。建国后历任中央人民政府委员、政务院副总理兼轻工业部长、全国人大常委会副委员长、全国政协副主席、民建中央主任委员。1965年在北京逝世。

现上海浦东新区川沙镇兰芳堂74弄1号，为黄炎培故居。这里原为江苏省川沙城"王前街"内史第，清咸丰九年（1859年）举人、内阁中书沈树镛的住宅，黄炎培故居在第三进内宅楼，占地面积306平方米，建筑面积480平方米，坐北朝南，两层砖木结构院落。

黄炎培出生在清代江南一个书香门第。父亲黄叔才是秀才。他给儿子取名"炎培"，是希望儿子长大以后，无论在哪里，都不要忘记自己是炎黄子孙。母亲孟樾清，是个知书达理，贤淑厚道的大家闺秀。还在黄炎培六岁时，母亲就教他识字。从八岁起，黄炎培又受教于叔叔伯伯，除了读书，每天还临摹碑帖，习字作文。在黄炎培13岁时，母亲逝世，17岁时，父亲又撒手人寰。但是，父亲、母亲对他的教诲、训诫，使他终身铭记。1957年，黄炎培在江苏无锡看完锡剧《珍珠塔》后触景生情，写下一首怀念父母的诗：

余兴逢场听管弦，珍珠塔影隐华筵。

人情冷暖儿时知，母训回头七十年。

黄炎培写此诗时，已年届79高龄了，但依然不忘儿时在父母那里所受到的庭训。

在黄炎培生长的过程中，外祖父孟荫余对他的教诲也使他终身难忘。外祖父是一个饱学之士。黄炎培九岁时，进入外祖父开办的"东野草堂"读书。在外祖父的严格要求下，黄炎培读完了《易》、《书》、《春秋》、《礼记》等儒家经典，还读了《史记》、《汉书》、《三国志》等大量历史著作以

＊黄炎培与夫人王纠思

及《墨子》等著作作品，同时，每天还要读诵唐宋诗词。黄炎培在外祖父那里，除了受到良好的历史文化知识的教育之外，还受到爱国与民族大义的启蒙。在外祖父的指点下，黄炎培对中法战争中的谅山战役留下了深刻印象。父亲、母亲和外祖父的耳提面命言传身教，对黄炎培的性格、志趣、人品、世界观、处世哲学、追求、爱憎，都产生了重要影响。他长成以后，时时处处律己严格，这可从他常挂在家中的一副自撰联可以看出：

> 毋忘孤苦出身，看诸儿绕膝相依，已较我少年有福；
>
> 切莫奢华过甚，听到处向隅而泣，试问你独乐何心。

　　黄炎培是一位杰出的民主战士，忠诚的爱国主义者，著名的政治活动家和中国职业教育的先驱。在家庭里，则是个重视家庭教育，课子严格的

• 黄炎培手书座右铭给四儿黄大能

好父亲。他继承家风，同时又根据家庭实际情况和时代的发展，制订了具有黄门特点的家训。据黄炎培的第四子黄大能回忆，1939年，黄大能考中官费留学，准备到英国去。临行之前，黄炎培把自己平生坚守的座右铭："理必求真，事必求是；言必守信，行必踏实"重新添加了几句话，手书送给黄大能，这就是著名的黄炎培36字家训：

> 事闲勿荒，事繁勿慌；
>
> 有言必信，无欲则刚；
>
> 和若春风，肃若秋霜；
>
> 取象于钱，外圆内方。

谈到家训，黄大能说："这整个座右铭是教育我怎样待人接物，其中'取象于钱，外圆内方'八个字是指中国旧时的铜钱，中间有方孔，也就是如果认为这是真理，就应该像钱中的方孔那样方正，应该坚持，然而对人的态度，就应该和若春风，也就是要'圆'。但是这里所谓的'圆'，却不是'圆滑'。"黄大能谈父亲家训时已是92岁的老人了，父亲手书的36字箴言长卷已伴随着他走过将近70年的历史，想起父亲遗训，黄大能依然感慨地说："我的大半生都是在这个座右铭的监督下度过的。"[①] 这就是家训的作用和力量。

黄炎培对子女的教育和要求，绝不是仅仅停留在口头中与纸面上。事实上在日常生活中，黄炎培在各个方面都是如家训那样对子女严格要求的。举其大端，主要体现在以下几个方面：

---

① 肖伟俐：《大家风范》，新华出版社，2009年12月出版，第36页。

爱国主义和民族气节教育。

全国政协副主席、全国工商联主席黄孟复是黄炎培的孙子,他在接受记者采访谈到祖父黄炎培时说:"我感觉我的祖父非常爱国,包括我父亲(黄孟复父亲为黄炎培次子黄竞武烈士——著者注),我父亲和我的一些叔叔、姑姑都在美国或英国受到高等教育。他是允许小孩出去学习的,但有一点,学成以后一定要回国效力,不能贪恋国外的优势,应该说我这些叔叔、姑姑在国外学成以后都回来了,我父亲在哈佛取得硕士学位之后也回来了。我祖父爱国的热情是非常明显的,对我们的教育和影响是非常深刻的。"①

20世纪30年代,四子黄大能远在云南参加滇缅铁路的施工,黄炎培经常和儿子通信,有一次黄大能收到父亲寄来的一张明信片,上面除了收寄信人的地址以外,就是"精忠报国"四个字,这给黄大能以极大的震动和教育。黄炎培对子女进行爱国主义教育还体现在抗战时期他坚持购买国货。黄炎培一家身居大上海,他却明确要求家里生活用品只能购买国货。他认为,爱国必须以行动,不能空喊口号。有一次,他生病住院,女儿给他买了件棉毛衫,他看了一眼突然大发雷霆,责问女儿为什么不买国产的给他。直到女儿翻出里面的商标,确信是国货,他才息怒。在孩子的眼睛里,父亲"非常爱国,比一般的青年都爱国"。②

1932年"一二八"淞沪抗战期间,黄炎培和史量才、沈钧儒、荣宗敬等组织国难会,到处发表演讲,鼓励民众抗日。一次黄炎培在中华职业学校演讲,讲到激动之处,突然指着在下面听演讲的儿子黄大能大声说:"大能,你站起来听着,日本人打起来,如果你贪生怕死,投降做汉奸,日本

---

① 新华网,2007年11月20日。
② 肖伟俐:《大家风范》,新华出版社,2009年12月出版,第14页。

人不杀你，我们也会杀掉你，如果你上战场牺牲了，我们全家将感到光荣。"① 这就是黄炎培对孩子特有的爱国主义和民族气节的教育。

勤俭节约艰苦奋斗的教育。

黄炎培家教严格，从不娇惯孩子。黄大能初中是进的沪江大学附属中学，这是一所教会学校，环境优美，学费昂贵，教育质量也高。学生中很多是富家子弟，他们穿着讲究，互相比阔，黄大能身处其间也受了些影响。黄炎培察觉到儿子的变化以后，果断地将黄大能转到位于上海南市陆家浜贫民区的中华职业学校来。黄炎培说："我们黄家可不能培养出一个贵族子弟来。"当时，年方15的黄大能确实难以接受，但以后每当想起这件事，黄大能总是对父亲的决定充满感激之情，他认为，正是父亲这一看起来不通人情的决定，在他人生的关键时期，把他从浮华中拉了出来。黄炎培家里孩子多，孩子的衣服都是轮流穿的，老大穿过，传给老二，老二穿过再传给老三，作为老四的黄大能最受委屈，只能穿三个哥哥穿剩下的旧衣服。他穿的第一件新衣服，还是在考上大学后，姐姐黄小同给他做的。有一次，已在大学读书的黄大能理了一个分头，头发上还抹了一些油。不想正好被父亲撞见，被父亲大骂一通，黄大能吓得赶紧到理发店理了个平头回来。黄炎培对女儿的要求同样非常严格。他虽然视几个女儿为掌上明珠，但喜欢归喜欢，要求一点也不降低。他要求女儿从小必须自己动手洗衣服，就是上中学住校，宿舍的床单也必须自己洗，不准丢给保姆。

为人处世待人接物的教育。

黄炎培给子女的36字家训，在很大程度上是要孩子们学会正确处世。"取象于钱，外圆内方"既是他自己为人处世的座右铭，也是他对子女立身社会的要求和期盼。对此，黄炎培的第三个儿子黄万里有着刻骨铭

① 肖伟俐：《大家风范》，新华出版社，2009年12月出版，第13页。

心的体会。黄万里是黄炎培最有名的儿子，也是命运最为坎坷的儿子。他在清华大学任教时，因反对建造黄河三门峡大坝工程曾被错误地打成右派。1933年，黄万里准备到美国留学，临行前黄炎培针对儿子的个性，再三叮嘱道："专门学者，必须熟悉人情世故，考虑自己的主张必须行得通，否则将一事无成。"厄运加身以后，黄万里总是想到父亲的教诲。他在总结自己人生道路时曾不无悲怆地说：

> 父曾多次戒我骄傲，多次垂训。古人云："虽有周公孔子之德之能而骄，则其人绝不得称贤。"戒骄必须从内心出发，仅在形态上不骄，虚伪，犹

* 黄炎培家八兄妹1948年的合影。

不足道也。他内心颇赞我的才能,特别是诗文,但终其生未赞我一词。父尝与老友背后朗诵我的诗句,事传到我的老师,父的后辈学生,我才知父背后赞我。我力遵父训,但最后一点终未能做到。我在成人后所犯错误,要皆出此。①

1959年,黄万里和黄大能到北京医院看望住院的父亲,当时,兄弟俩都被打成右派,黄炎培无法探究更多的原因,意味深长地对儿子说:"总之,或多或少都是没有掌握好做人之道。"

在黄炎培家训的影响下和黄炎培的严格教育下,黄炎培的儿孙都成长、发展得很好。

黄方刚 (1899–1944),黄炎培长子。在哈佛大学获哲学博士学位,为中国著名哲学家。先后在东北大学、北京大学、四川大学等高校任教授,并担任过东北大学文理学院院长。抗日战争爆发后,武汉大学西迁四川乐山,黄方刚也应邀到武大任教。1944年1月17日,因染肺病在乐山去世,年仅44岁。当时,黄炎培66岁。他痛伤长子盛年而去,白发人反哭黑发人,忍痛亲题子墓。其文曰:"长儿方刚,穷研哲学。""一生清正,抱道有得,言行一致,诚爱待人,取物不苟,著书讲学,到死方休。虽其年不永,亦可以无愧于人,无愧于天地。"对儿子做了客观公正而又很高的评价。黄方刚殁后,顾毓秀写有一首《悼黄方刚》,其诗曰:

> 彭殇修短倘前知,柱下精研枉作诗。
>
> 岂信著书能却病,犹怜好学没忘饥。

① 引自肖伟俐:《大家风范》,新华出版社,2009年12月出版,第30页。

* 1995年，黄大能（右三）在浦东川沙故居前与曾做过黄炎培秘书的尚丁同志（右二）合影。

家贫儿让山中果,世乱妻吟海外诗。

呜咽长江怀故友,清明时节雨如丝。

从诗中可看出黄方刚的好学与师德。

黄竞武(1903-1949),黄炎培次子。革命烈士。民盟会员。1924年毕业于清华大学,同年赴美国哈佛大学留学,获经济学硕士学位。1929年秋回到上海。抗战爆发以后,在重庆任中央银行稽核专员,一度担任周恩来与美国人士谈话的翻译。1941年参加中国民主同盟。1945年8月回到上海,担任上海中央银行稽核专员,加入中国民主建国会。1948年秋,为适应形势,"民建"转入地下,成立临时干事会,他担任常务干事,在恶劣的环境下,积极参与和领导掩护中共人士、争取工商界等工作,并以稽核员的身份联合职工,动员舆论界同国民党偷运黄金到台湾进行坚决的斗争。1949年2月与中共上海局策反工作委员会取得联系,积极开展国民党军队的策反工作,国民党财政部税警团、江湾闸北驻军皆有松动。正当商定起义时间之时,黄竞武遭保密局特务逮捕。黄竞武在敌人严刑拷打下宁死不屈,5月7日,英勇就义。在上海解放前夕,为革命献出了宝贵的生命。黄竞武成为黄炎培一家为国捐躯的第一人。

黄万里(1911-2001),黄炎培第三子,是我国著名水利工程学家。1933年毕业于唐山交通大学,1934年赴美,1935年获美国康奈尔大学硕士学位,1937年获美国伊利诺伊大学香槟分校工程博士学位,是第一个获得美国工程博士学位的中国人。建国后,曾任东北水利总局顾问、唐山交通大学、清华大学水利系教授。

黄大能,1916年出生于上海,是黄炎培的第四子,中国著名的水泥混凝土技术专家,中国混凝土外加剂协会创始人。1939年毕业于复旦大学土木工程系。1943年公派赴英国隧道水泥公司学习水力总电工程和水泥生产和使用。1946年回国。建国后先后任建筑材料工业局中国建筑科学院副院长、副总工程师，兼武汉建筑学院、上海建材学院、浙江大学教授。1946年参加中国民主同盟，1950年参加中国民主建国会，1982年加入中国共产党。1983年11月后，先后当选为民建第四至六届中央副主席。现为民建中央名誉副主席、中华职业教育社名誉副理事长。

黄方毅，1946年出生于重庆，美国杜克大学硕士，长年供职中国社会科学院、北京大学等从事经济研究，霍普金斯大学高级国际研究院、哥伦比亚大学客座教授。第十届全国政协委员。

黄观鸿，黄炎培的孙子、黄万里之子，为天津大学教授。

黄孟复，黄炎培的孙子，黄竞武之子，现任全国政协副主席，全国工商联主席。

值得一提的是，黄炎培的子女，在他们的人生道路上不仅严守家训，同时，还将黄门家训和家风传给下一代。黄大能每次应邀给孙子或外孙写几句勉励的话，他总是写父亲黄炎培留下的家训，目的是把父亲的家训传下去，让家人不要忘记。黄万里虽然经历坎坷，但在对子女的教育方面一点都不放松。他的孩子黄家风专门撰文，回忆了父亲对他的教诲和严格要求，其要点有：

必须尊重农民；必须喷出热血地爱人；必须戒骄戒躁。

必先立志——可自负但虚心校正自己。

有秩序地生活：看重时间——活泼我精神。

深于一行，仍应广通。遍访名师，勿泥于一校。

不断地实地工作，在工作中求进步。随时学习，跟民众学习。

平生服膺一"义"字，故有大批人相从工作。

只说真话，不说假话——从不留恋舒适生活——心地善良，古道热肠——热爱生活，热爱孩子。

在科技领域里要从最基础最平凡的工作做起，不怕艰苦，甘于寂寞。

知识要广博，基础要深厚，思路要开阔，要想人之所未想，不人云亦云。

我既是科技工作者，又是诗人，我是用诗人的热情来搞水利的。[①]

黄万里留给孩子的训诫之词，可以说包含了他对父亲黄炎培留下的家训和教诲的感悟，也体现了他对孩子培养成才的期望。我们可以有理由说，这正是黄炎培家训的传承和发扬光大。

4. 周谷城家训

周谷城（1898—1996），中国历史学家。湖南益阳人。早年参加五四运动。1921年毕业于北京高等师范学院。后任教于长沙第一师范学校。曾任湖南省农民协会顾问、省农民运动讲习所教师等职。1927年移居上海，从事文化教育活动。1942年起任复旦大学教授，在历史学、美学、逻辑学、社会学等方面多有建树。1949年出席全国政协第一届全体会议。后任复旦大学教授、历史系主任、教务长，上海历史学会会长，中国历史学会执行主席，农工民主党中央副主席、上海市委主任委员，上海市政协副主席，上海市人大常委会副主任，全国政协常委，全国人大常委会副委员长兼教科文卫委员会主任，农工民主党中央主席、名誉主席，中国史学会主

---

① 《报刊文摘》，2010年1月25日。

* 青年周谷城

* 周谷城在书房

席团主席,著有《中国通史》、《世界通史》等。

作为一代大学问家、政治活动家,周谷城的家训,可以归结为事亲孝、学习、做人三个方面:

一是事亲孝。

有人曾在采访周谷城的儿子周骏羽时问过他一个问题:"你们家的重要传统是什么?"周骏羽回答说:"孝。"

"孝"是周谷城家的传统,也是家训。

在事亲孝方面,周谷城堪为儿孙的榜样。

周谷城出生于湖南益阳的一个贫困农村家庭,父亲周学理在周谷城很小的时候就离世,是母亲含辛茹苦将周谷城拉扯大,并培养成人。周谷城从小就孝顺母亲,从来就没有违背过母亲的意愿。解放后,周谷城定居上海,第一件大事就是将母亲从湖南老家接到上海,以便晨昏定时向母亲问安。肖伟俐在《大家风范》中采访了周骏羽回忆的父亲周谷城事亲孝的故事:

奶奶从农村来,她觉得花花绿绿的糖纸很漂亮,就收藏了许多的糖纸。一次,她把自己收藏的糖纸摆在桌子上,欣赏后忘了收起来。恰好父亲回家,他一看满桌的糖纸,就说,谁把糖纸扔到这里了。顺手就把糖纸收走扔掉了。奶奶进屋后一看,糖纸被父亲扔了,大为恼火,就跑到父亲的房间,把父亲桌上的东西胡乱一扫,全都给划拉到地上。父亲一看,才知道惹祸了,他赶紧走到奶奶面前,像个小学生一样承认错误,说:"我错了,我不知你喜欢这个,我错了。"①

---

① 肖伟俐:《大家风范》,新华出版社,2009年12月出版,第214页。

如果要编新时期二十四孝图,这个故事绝对可以入选。

正是在周谷城事母孝的影响下,对长辈的敬爱和孝顺成为周家门风。周骏羽对父亲、母亲非常孝顺,周骏羽的子女同样对父母非常孝顺。因为周骏羽曾很自豪地说:"几乎所有跟我们接触的人都说,你们周家以孝为先。"[1]

二是学习。

作为饱学之士,周谷城对儿孙的学习看得很重,他既要求严格,又尊重儿孙的志趣和意愿。他有一句治家名言:父子不择善。即家庭中没有是非对错,这是他治家宽松的一面,但是另一方面,他是坚持的,即儿孙一定要多读书。他教育儿孙:"读书求知,国运系之。"周谷城自己以学贯中西享誉学林,他也要求子女读书兼古今中外。所以他一直将古文和英文作为儿孙必读科目。古文方面,周谷城给儿孙开列的书单是《古史零坛》、《古文观止》、《太平广记》、《太平御览》、《资治通鉴》、《论语》、《孟子》等。他还对孙女、孙子说:"中国的文言文要拿得下来,要看得懂,先读懂这些还不行,还要知道平仄、韵律。"[2] 他经常要孙女、孙子当着他的面背诵古文经典,逼得他们去看古文、背古文;在外语方面,他则定期对孙女、孙子的外语进行考试,考试的方法很简单,随便在书架上抽出一本英文书,翻到哪一页就读哪一页。这种外语教育和考核方法看起来随意,但被考者要想过关,必须要有扎实的英语基本功和对英语书籍的广泛涉猎。在周谷城的"庭训"之下,孙女周顺华、孙子周洛华都是对中文、外语能写会说的青年才俊。周顺华高中毕业时因为成绩优秀被保送到复旦大学,之后又通过严格考核进入美国弗吉尼亚理工大学,获得电子工程和物

---

[1] 肖伟俐:《大家风范》,新华出版社,2009年12月出版,第215页。
[2] 同上书,第217页。

理学两个硕士学位。毕业后,在美国从事技术工作,并曾担任美国电子工程学会达纳斯分会主席。周洛华大学读的是当时相当热门的上海外贸学院,大学毕业后,先后在复旦大学管理学院获得工商硕士学位、上海社会科学院获得经济学博士学位,又到美国达特第士大学塔克商学院攻读博士后。现在担任上海大学房地产学院副院长,又担任上海市青联委员。

三是做人。

关于做人,周谷城提出多条家训。他曾有言:"理想人人有之,可大可小,可远可近,但都是自己的事情。"意思是指做人要有独立完整的人格,追求自己的人生目标,请不要利用关系,依靠家庭、背景和关系等实现自己的理想。有人专门采访过周谷城的独生子周骏羽。周骏羽讲到的几件事,可以看出周谷城的家庭教育观。周骏羽五岁左右就随父母离开湖南来到上海。1962年,他高中毕业,准备高考。一天,周谷城将儿子叫到身边,认真地对他说:"我想了很久,觉得你不要再搞文了,还是学工科吧。学好数理化,走遍天下都不怕嘛。"尽管周骏羽很喜欢文科,文科的基础也很好,但他还是遵从父命,考上了华东化工学院。文革中,周骏羽受父亲连累,作为家庭有问题的学生被分配到一个废弃的部队农场劳动,做砖坯、烧窑、种麦、施肥、搬运各种物资,干得很劳累。更令人难受的是人在农场,势同软禁,不准和外界联系,更不能和家人联系。一年半以后,周骏羽在好心人的帮助下,才偷偷和父亲通上电话。在电话里,周谷城并没有表现出伤感,而是鼓励儿子说:"你不要低头,没什么可怕的,一定要坚持,前景是光明的。"试想在那样一个不正常的年代,周谷城要儿子不低头,要坚持,既要儿子保持气节,不随风倒,又鼓励儿子在逆境、困境中学会忍受,这对于身处困境的周骏羽来说,是多大的精神力量啊。周骏羽在河南一待就是七年。

回忆起这段经历,周骏羽联系到父亲的训诫。他说:"这段生活,对我

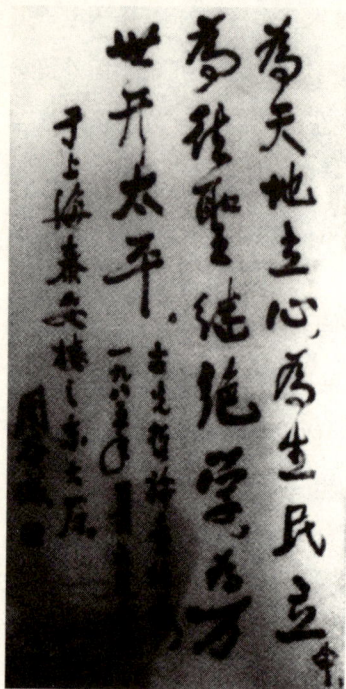

一生影响巨大。事后，父亲说完全符合天将降大任于斯人也，必先苦其心志，劳其筋骨，饿其体肤，空乏其身的规律。我觉得不是我一个人受委屈。别人比我受的委屈多得多了，还有人家中共领导高层的子女呢。整个时代就是那样，你说怨哪一个。所以，我觉得只能顺应潮流，就是我父亲说的入流，逢时。"①用孟子的这段格言来激励困厄中的儿子，也是中国传统家训中常见的，但周谷城在这个特殊时期讲出这段话，确实能使儿子正确认识对待7年的蹉跎、困顿，给予战胜逆境厄运的力量。

"施恩不图报，受惠必铭心"，这条家训是周谷城教训儿孙，帮助别人不要去图别人对自己有所回报；而受惠于他人，则必须时时铭记心中。

---

① 肖伟俐：《大家风范》，新华出版社，2009年12月出版，第213页。

"不引他人以自重"，这是周谷城在家里讲得最多的一句家训。周骏羽在解释父亲这句话时说："现在有些人开口就是我认识谁谁谁，谁谁谁跟我关系不错，他所说的人不是高官，就是名人。以为这样比人就会高看自己，这就叫引他人以自重。"这条家训使我们想起鲁迅曾经讽刺过的"我的朋友胡适之"这样引名人以自重的怪现象。"多思勿多谈"，也是一条家训。周骏羽说他父亲自己总结过，"多思"自己做到了，"勿多说"自己并没有做到，因为他自己就喜欢跟人家海阔天空地聊天。还有周谷城崇尚不轻言诺，讲究居处恭，执事敬，与人忠。这些家训，以及周谷城自己做人处世的实践，都给了儿子、孙子很多有益的帮助，使他们都能以独立的人格处世，也无愧于周谷城的后代。

第七章

上海著名学者、科学家家训

1. 蔡元培家训

蔡元培（1868—1940），中国教育家，字鹤卿，号孑民。浙江绍兴人。清光绪进士，翰林院编修。曾任绍兴中西学堂监督。1902年与蒋观云等发起组织中国教育会，创办爱国学社和爱国女学，宣传民主革命思想。1904年与陶成章等组织光复会，被举为会长。次年参加同盟会，为上海分会会长。1907年赴德留学。1912年1月任南京临时政府教育总长，发表《对于教育方针之意见》，反对清末学部奏定的教育宗旨，认为"忠君"与共和政体不合，"尊孔"与信教自由相违。主张教育应从造成现世幸福出发，而以达到"实体世界"（即观念世界）为终极目的。并认为军国民教育、实利教育与公民道德教育是造成现世幸福的教育，世界观教育是追求实体世界的教育，美感教育则为达到实体世界之手段。这种教育观点成为临时政府制定教育方针的依据。任职期间，主持制定"壬子癸丑学制"，实行小学男女同校、废除读经等改革措施。1915年在法国与李石曾、

* 在德国留学时的蔡元培

吴玉章等倡办留法勤工俭学会。1917年任北京大学校长，提倡"学术自由"，主张对新旧思想"兼容并包"，使北大成为新文化运动的发祥地；同时实行教授治校，宣传劳工神圣，"以美育代宗教"。1919年五四运动爆发后被迫辞职。1927年任国民党政府大学院院长，后改任中央研究院院长。九一八事变后，主张抗日，又与宋庆龄、鲁迅等组织中国民权保障同盟。著作编有《蔡元培全集》。

蔡元培自幼，接受父母训教，尤以受母亲教诲更多。他的父亲蔡宝煜，字曜山，曾任钱庄经理。1877年（光绪三年）8月2日，也就是蔡元培11岁的时候，父亲去世。据蔡元培《自写年谱》说，父亲"去世后，家中并没有积蓄。我的大哥仅十三岁，我十一岁，我的三弟九岁。亲友中有提议集款以充遗孤教养费者，我母亲力辞之。父亲平日待友厚，友之借贷者不必有券，但去世后，诸友皆自动来还，说是良心上不能负好人。母亲凭借这些还款，又把首饰售去了，很节约的度日，我们弟兄始能生存。我父亲的好友章叔翰先生挽联说：'若有几许精神，持己接人，都要到极好处。'"①

蔡元培的父亲虽然没有为蔡元培留下书面的家训，但他的宽于处友，实际上给了蔡元培很大的教育和影响。黄世晖记《蔡元培口述传略》（上），记述到此事时说："故子民之宽厚，为其父之遗传性。"② 这句评价是相当公允的。

黄世晖记《蔡子民先生传略》说到蔡元培受母亲影响时说："其不苟取，不妄言，则得诸母教焉。"蔡元培自己也认为，"我所受的母教比父教为

① 王世儒：《蔡元培先生年谱》上册，北京大学出版社，1998年出版，第6页。
② 同上书。

多，因父亲去世时，我年纪还小。"在他的记忆中，"母亲是精明而又慈爱的"。他详细记载了自己受到母亲的教诲：

> "我母亲最慎于言语，将见一亲友，必先揣度彼将怎样说，我将怎样对。别后，又追想他是这样说，我是这样对，我错了没有。且时时择我们所能了解的，讲给我们听，为我们养成慎言的习惯。我母亲为我们理发时，与我们共饭时，常指出我们的缺点，督促我们的用工。我们如有错误，我母亲从不怒骂，但说明理由，令我们改过。若屡诫不改，我母亲就于清晨我们未起时，掀开被头，用一束竹筷打股臀等处，历数各种过失，待我们服罪认改而后已。先用竹筷，因为着肤虽痛，而不至伤骨。又不打头面上，恐有痕迹，为见者所笑。我母亲的仁慈而恳切，影响于我们的品行甚大。"①

从蔡元培的这段记述中，我们可以看出，首先，蔡元培母亲的家训的重要一点就是"慎言"。其次，她的家训表现在家庭生活的方方面面，无论是理发、共饭，都不忘对孩子进行教育。第三，蔡母家训重说服教育，从不怒骂。第四，要求严格，对孩子决不溺爱迁就。对屡诫不改者，也会用竹筷打股臀，令孩子知错痛改。对于母亲的教育训诫，蔡元培认为"我母亲的仁慈而恳切，影响于我们的品性甚大"。

母亲对蔡元培的训教，也包括对他的学业。蔡元培回忆到他在王子庄先生塾中受业时的情况说：

> 那时候，我所做的八股文，有不对的地方，王先生并不就改，往往指出

---

① 蔡元培：《自写年谱》，转引自王世儒：《蔡元培先生年谱》上册，北京大学出版社，1998年出版，第12页。

错误，叫我自改。昼间不能完卷，晚间回家后，于灯下构思，倦了就不免睡着，我母亲常常陪我，也不去睡。有一次，母亲觉得夜太深了，人太倦了，思路不能开展了，叫我索性睡了，黎明即促我起，我尔时竟一挥而就。我终身觉得熬夜不如起早，是被母亲养成的。①

母亲的仁慈和严厉，使蔡元培对母亲怀有极其深厚的感情。在他十九岁之时，母亲胃疾发作，痛得很厉害。蔡元培因在少时听长辈谈起过，祖母病重时，七叔父曾秘密割臂肉一片，和药以进，祖母服之而愈。结果，蔡元培效法七叔父，将左臂上的肉割下一小块，放在药罐里面，给母亲进药。因为平时就是蔡元培为母亲煎药，因此此事当时并没有人知道。后来因左臂的用力与右臂不平均，给大哥看出，结果，蔡元培割臂肉和药以进的孝举全家都知道了。从蔡元培的这件事上可以看出父母家训带来蔡家良好的门风。

蔡元培是一个大教育家，他从父母的家训中，秉承了许多优秀的品德，同时，他也非常注意自己的家庭教育。他的女儿，中科院上海分院研究员、高级工程师、原全国政协委员蔡睟盎，回忆起父亲的家训，十分动情。她说：

他对于所有子女既寄予殷切期望，加以悉心培养，又是钟爱备至，从无疾言厉色。他对子女的教育，不是耳提面命、枯燥说教，而是以身作则，循循善诱。他主张因材施教，自由发展。如我大姐喜欢画图，父亲就带她一起赴欧洲，参观博物馆、美术馆，使大姐对西方艺术感受深刻，为她后来

---

① 蔡元培：《自写年谱》，转引自王世儒：《蔡元培先生年谱》上册，北京大学出版社，1998年出版，第8—9页。

*晚年时的蔡元培

学习油画打下了扎实的基础,以后又带她到欧洲留学,进比利时布鲁塞尔美术学校、法国里昂美术学校学习油画。1927年大姐回国,次年,任西湖国立艺术院油画系教授,画有孙中山像、秋瑾就义图、吴淞杀敌图等油画和大幅壁画。再如,小弟也喜爱画画,父亲就领他拿了习作到画坛大师刘海粟那里请教,颇得点拨、长进。父亲说:"有了美术的兴趣,不但觉得人生很有意义,很有价值;就是治科学的时候,也一定添了勇敢活泼的精神。"果然如此,小弟以后学工,就读华东航空学院,毕业后,任沈阳黎明机械厂高工,卓有建树。另长兄留法学农及畜牧兽医,先后任大学教授、外贸部副局长、全国政协委员等职。二哥学机械工作,后攻磁学,同法、美两位科学家共同首次发现反铁磁现象,荣获法国科学院银质奖,得到周总理的多次赞扬。①

---

① 杨光裕、黄宾笙:《蔡元培的家教》,吴孟庆主编:《文苑剪影》,上海辞书出版社,2006年7月出版,第83—84页。

谈到父亲对孩子的教育，蔡睟盎还谈到一件让她永远铭记的事情。1937年，蔡元培到南京开会，买了三本精美的纪念册，在上面题了词分赠蔡睟盎和两个儿子。给蔡睟盎的题词是："智者不惑，任者不忧，勇者不惧。"给蔡睟盎的大弟题词是："富贵不能淫，贫贱不能移，威武不能屈。"给她的小弟的题词是："好学近乎智，力行近乎任，知耻近乎勇。"从这些题词中，可以看出蔡元培非常注重对孩子品德气节的教育和培养，也是他的家训的具体体现。

2. 胡适家训

胡适（1891—1962），中国学者。初名嗣穈，原名洪骍，字适之，安徽绩溪人，生于上海。清光绪三十二年（1906年）考取上海中国公学。宣统二年（1910年），赴美国留学，就读于康奈尔大学和哥伦比亚大学，从学于实用主义哲学家杜威。1914年在美国发起成立中国科学社。1917年获哥伦比亚大学哲学博士学位。同年7月回国，任北京大学教授，参加编辑《新青年》，发表新诗集《尝试集》，为当时新文化运动的著名人物。提出"多研究些问题，少谈些主义"。倡导"大胆假设，小心求证"的研究方法，影响颇大。1922年创办《努力周报》，宣扬"好人政府"和"省自治联邦制"的主张。1925年参加段祺瑞策划的善后会议。1926年赴英国、美国参加政治、学术活动。1927年回上海，与徐志摩等创办新月书店，与梁实秋等出版《新月》月刊，任上海光华大学教授和上海中国公学校长。1928年，发起人权运动，反对国民党实行独裁与文化专制主义，倡导自由主义。1930年全家迁至北平，任北大文学院院长兼中文系主任。1932年创办《独立评论》，主张"全盘西化"。1938年任驻美大使，代表国民政府签订

* 1909年的胡适

了《中美互助条约》。1942年任行政院最高政治顾问。1946年任北京大学校长。后任国民大会主席。1948年去美国，后去台湾任"中央研究院"院长。著有《中国哲学史大纲》(上卷)、《白话文学史》(上卷)、《胡适文存》等。

　　胡适生于光绪十七年（1891），当时胡适一家寄住在上海大东门外。胡适生后两个月，父亲到台湾任职，胡适母亲带着胡适搬到上海川沙住了一年，到光绪十九年（1893），才离开上海，到父亲的台湾住所。在胡适四岁时，胡适随母亲离开台湾，取道上海回到故乡绩溪。但就在这一年，胡适父亲因病客死福建厦门。

　　胡适母亲是胡适父亲续娶的妻子。胡适父亲和母亲关系很恩爱，在上海同住的时候，胡适父亲每日抽空教胡适母亲认字读书。胡适父亲虽然在胡适四岁时就去世，但在胡适的记忆当中，父亲不但钟爱他，而且认真地教他学习。父亲将教母亲的红纸方字教幼年的胡适认，胡适父亲做教师，胡适母亲便在一旁作助教。有时父亲太忙了，母亲就是代理教师。

在胡适一家离开台湾时，胡适母亲认得了近千字，胡适也已认得七百多字。这些方块字都是胡适父亲亲手写的楷字，胡适母亲终身妥善保存着。这些方块字不仅是胡适与父母最神圣的同居生活的纪念，也是胡适幼承父训的见证。

胡适幼时念的第一部书是父亲自己编的一部四言韵文，叫做"学为人诗"，开头为：

> 为人之道，在率其性。
> 子臣弟友，循理之正；
> 谨乎庸言，勉乎庸行；
> 以学为人，以期作圣。

这本教材的最后三节为：

> 五常之中，不幸有变，
> 名分攸关，不容稍索。
> 义之所在，身可以殉。
> 求仁得仁，无所尤怨。

> 古之学者，察于人伦，
> 因亲及亲，九族克敦；
> 因爱推爱，万物同仁。
> 能尽其性，斯为圣人。

> 经籍所载，师儒所述，

* 胡适的父亲胡传

胡适的母亲冯顺弟 *

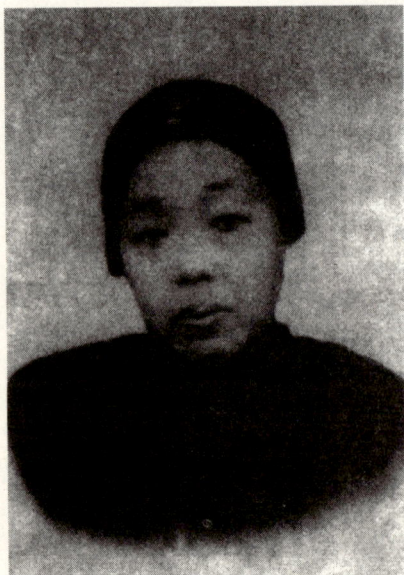

> 为人之道，非有他术：
>
> 穷理致知，反躬践实，
>
> 亶勉于学，守道勿失。[1]

这不但是一本知识的启蒙读物，而且通篇都是讲了做人的道理，可以说是既是课本，又是家训。

胡适父亲在临终之前两个多月，写了几张遗嘱，给胡适母亲及四个儿子每人一张。据胡适自己回忆，父亲"给我母亲的遗嘱上说穈儿（我的名字叫嗣穈，穈字音门）天资颇聪明，应该令他读书。给我的遗嘱也教我努力读书上进。这寥寥几句话在我的一生很有重大的影响"。[2]

父亲死了以后，管教胡适的责任由母亲义不容辞地承担起来。根据丈夫的遗嘱，胡适母亲克服困难，让儿子进了学堂读书，根据胡适的回忆，母亲在自己的成长中起到了恩师的作用：

但这九年（1895—1904——著者注）的生活，除了读书看书之外，究竟给了我一点做人的训练。在这一点上，我的恩师便是我的慈母。

每天天刚亮时，我母亲便把我喊醒，叫我披衣坐起。我从不知道她醒来坐了多久了。她看我清醒了，便对我说昨天我做错了什么事，说错了什么话，要我认错，要我用功读书。有时候她对我说父亲的种种好处，她说："你总要踏上你老子的脚步。我一生只晓得这一个完全的人，你要学他，不要跌他的股。"（跌股便是丢脸，出丑。——胡适自注）她说到伤心处，

---

① 胡适：《四十自述》，见《胡适自传》，江苏文艺出版社，1995 年 9 月出版，第 24 页。
② 同上书，第 22—23 页。

往往掉下泪来。到天大明时，她才把我的衣服穿好，催我去上早学。学堂门上的锁匙放在先生家里，我先到学堂门口一望，便跑到先生家里去敲门。先生家里有人把锁匙从门缝里递出来，我拿了跑回去，开了门，坐下念生书。十天之中，总有八九天我是第一个去开学堂门的。等到先生来了，我背了生书，才回家吃早饭。

我母亲管束我最严，她是慈母兼任严父。但她从来不在别人面前骂我一句，打我一下。我做错了事，她只对我一望，我看见了她的严厉眼光，就吓住了。犯的事小，她等到第二天早晨我睡醒时才教训我。犯的事大，她等到晚上人静时，关了房门，先责备我，然后行罚，或跪罚，或拧我的肉。无论怎样重罚，总不许我哭出声音来。她教训儿子不是借此出气叫别人听的。

有一个初秋的傍晚，我吃了晚饭，在门口玩，身上只穿着一件单背心。这时候我母亲的妹子玉英姨母在我家住，她怕我冷了，拿了一件小衫出来叫我穿上。我不肯穿，她说："穿上吧，凉了。"我随口回答："娘（凉）什么！老子都不老子呀。"我刚说了这句话，一抬头，看见母亲从家里走出，我赶快把小衫穿上。但她已听见这句轻薄的话了。晚上人静后，她罚我跪下，重重的责罚了一顿。她说："你没了老子，是多么得意的事！好用来说嘴！"她气的坐着发抖，也不许我上床去睡。我跪着哭，用手擦眼泪，不知擦进了什么微菌，后来足足害了一年多的眼翳病。医来医去，总医不好。我母亲心里又悔又急，听说眼翳可以用舌头舔去，有一夜她把我叫醒，她真用舌头舔我的病眼。这是我的严师，我的慈母。①

从以上抄录的胡适的回忆文字看，胡适幼时受到母亲的家训是严厉的。

---

① 胡适：《四十自述》，见《胡适自传》，江苏文艺出版社，1995年9月出版，第33—35页。

＊ 就任北大校长后的胡适

从中我们可以看出，一，他的母亲为人坚强。在丈夫死后，继承丈夫遗志，挑起课子的重担，一天都不敢怠懈。二，对儿子充满着关心和慈爱。这从她用舌头舐儿子的病眼可以看出一个母亲对儿子的关爱。三，注重从品行上对儿子进行教育。每天要教育儿子，昨天做错了什么事，说错了什么话，并要儿子及时认错。四，母亲在胡适眼里威信极高。胡适做错了事，母亲只要对他一望，他看见母亲的严厉眼光，就吓住了。对母亲的关爱、严教，使胡适终身难忘。他在回忆母亲的文字中，多次使用"恩师"、"慈母"、"严师"、"慈母兼任严父"这样的词。

胡适在《四十自述》中，是这样来总结母亲的家训的：

我在我母亲的教训之下住了九年，受到她的极大极深的影响。我

* 胡适于1925年12月致陈独秀函（节选）

十四岁（其实只有十二岁零两、三个月——胡适自注）就离开她了。在这广漠的人海里独自混了二十多年，没有一个人管束过我。如果我学得了一丝一毫的好脾气，如果我学得了一点点待人接物的和气，如果我能宽恕人，体谅人，——我都得感谢我的慈母。[①]

从胡适的这段文字中，我们可以看出，一个人幼年时秉承好的家训是多么的重要，对于一个人今后的发展所起到的作用是多么的大。

[①]《胡适自传》，江苏文艺出版社，1995年9月出版，第37页。

3. 潘光旦家训

　　潘光旦 (1899—1967)，江苏宝山 (今属上海市) 人，原名光亶，字仲昂，改名潘光旦。现代著名的优生学者、社会学家、民族学家与翻译家，中国民主同盟与云南民主运动的早期领导人之一。1922年毕业于清华学校。旋赴美国留学。1924年毕业于美国达茂大学，1926年毕业于哥伦比亚大学研究院，获硕士学位。同年回国后，历任上海吴淞政治大学教务长，上海东吴大学法科预科主任，光华大学教授和文学院院长，清华大学教授、教务长、社会学系主任。抗战胜利后，任清华大学社会学系主任、教务长等职。1941年参加组织中国民主政团同盟 (1944年改名为中国民主同盟)，后任民盟中央委员、中央常委、民盟昆明支部主任委员，是民盟机关刊物《民主周刊》的创办人之一。1949年北平解放后，任北平军管会大学事务委员会委员。建国后，历任清华大学教授和社会学系主任、中央民族学院教授、政务院文化教育委员会委员等职。是第二至四届全国政协委员。著有《优生概论》、《中国之家庭问题》、《人文史观》、《中国伶人血缘之研究》等书。译著有《物种由来》、《性心理学》、《自由教育论》等。

　　潘光旦出生在宝山罗店镇一个乡绅之家，曾祖父潘世珍能书善画，有诗集行世。祖父潘启图为人耿介，在乡塾教书为业。父亲潘鸿鼎于1897年参加江南乡试中举，1898年参加会试，中进士，获二甲十三名，日后为翰林院编修。罗店在整个清代共产生四名进士，潘鸿鼎是最后一名进士。

　　罗店潘家算不上"世家大族"，但从潘光旦的曾祖父到父亲，完全可以称得上诗书传家久的书香门第。根据潘光旦自己的回忆，父亲潘鸿鼎虽然对自己直接传授知识并不多，但父辈那种埋头读书、报效乡梓和国家的门风，却对自己影响很大。尤其是在几件具体的事情上,潘光旦更是终身受益。

一是潘光旦十二岁时,写了一篇《严光不仕光武论》的翻案文章,大意是说严光的"清高"是不对的,"天下兴亡,匹夫有责",如果人人学他,天下不就完了吗?父亲看了他的文章后说,小孩子不要随便做翻案文章,不要妄议古人。潘光旦说这件事给自己印象很深,自己后来之所以爱好"旧学",对古人有些崇拜,这件事情很有几分决定性的影响。

二是潘光旦的父亲主张儿子进新式学堂。1912年,在北京的父亲寄回家信,要潘光旦应下年清华学校的入学考试。虽然父亲于1913年3月在北京去世,但父亲的遗命却对潘光旦发生重要影响,潘光旦最后进入了清华学校学习。潘光旦认为自己在学术、人生道路最关键的几步,都是父亲为他规划好的。

三是潘光旦在12岁时,从父亲的书橱里发现一本父亲从日本带回来的有关性卫生的科学书籍。结果父亲不但没有阻止他,反而允许他阅读,并且很开明地加以鼓励,说这是青年人应当看而童年人不妨看的一本书。有时候潘光旦读些包含性爱内容的小说,他也不加禁止。而正是父亲这种开明的态度,才使潘光旦最终走上性学的研究这条路,并成为这方面的专家。1934年,潘光旦在《性的教育》"译序"中,谈到父亲当年对自己的影响说:"显而易见他是一个对于青年有相当信任心的人;他虽不是一个教育专家,他却深知在性的发育上,他们需要的是一些不着痕迹的指引,而决不是应付盗贼一般的防范与呵斥禁止。"1941年潘光旦在译毕《性心理学》时又说:"先君的这样一个态度,对于译者后来的性的发育以及性的观念,有很大的甄陶的力量。这在译者后来的《性的教育》一本译稿里,曾一度加以论及,认为是最值得感谢和纪念的。"[1]

---

[1] 吕文浩:《潘光旦图传》,湖北人民出版社,2006年9月出版,第6页。

* 潘光旦

从潘光旦的这几个回忆片段可以看出，他自小所受到的家训，是富有时代特色的。他的父亲潘鸿鼎是一个深受维新运动和新思想影响的人，坚决主张儿子上新式学堂，不但自己购买和阅读包括性卫生在内的科学书籍，也容忍甚至鼓励儿子阅读这方面的书籍。这种"不着痕迹的指引"，恰恰体现了家训文化的发展和进步。

潘光旦在"家训"方面所受到的影响，除了父亲之外，母亲那里也是不得不提的，从某种角度来说，潘光旦从母亲那里所受到的家训影响要甚于父亲。据潘光旦的女儿潘乃穆教授说，父亲早年所受的家教是"严母慈父"，也就是说，潘光旦的母亲对儿子的训教远比做父亲来得严格。

潘光旦的母亲沈恩佩是一个知识女性。她性格坚强，对儿辈要求严格，潘光旦回忆起母亲说："记得小时在家，日间如果和别家孩子争吵打架,夜间母亲一定要和我算账,说理而外,往往加上一些轻微的体罚,直在我,如此;曲在我,更自难免。一切冲突总是错的。"[1] 在潘光旦进学堂以后,时常会去参加各种课外活动的集会,母亲告诫他说:人不是蛔虫,何以作此生涯。母亲这句略带诙谐的讥讽之语,对潘光旦触动很大。日后他亲眼看见许多熟人不能稳坐书案研究学问,忙着到处开会,就想起了母亲当年对自己的告诫。[2]

潘光旦的母亲非常看重让孩子读书。有一年她从家乡逃难到上海,家中一应细软行李都不带,只带了四担子的书。潘光旦外甥女张雪玲回忆起潘光旦母亲这件往事感叹地说:"潘先生便是由这样一位母亲教养出来的。她是对潘先生少年时代影响最深的人。"[3]

潘光旦的父族和母族,都不是达官贵人,但却是典型的中国书香门第。"忠厚传家久,诗书继世长"。读书人的家风教育和影响了少年之潘光旦,使他能成为中国优生学、社会学和民族学的巨擘。可以说,潘光旦的成长之路,是离不开自小浸淫的良好的"家训"的。

4. 钱学森家训

钱学森(1911—2009),浙江杭州人,中国著名物理学家,中国航天科技事业的先驱和杰出代表,被誉为"中国航天之父"和"火箭之王"。钱学森1911年12月11日出生于上海。1929年9月,他抱着科学救国和振兴中华的远大理想,以优异的成绩考入上海交通大学机械工程系。1934年

---

[1] 吕文浩:《潘光旦图传》,湖北人民出版社,2006年9月出版,第7页。
[2] 同上书,第8页。
[3] 同上书。

＊钱学森

6月大学毕业。1935年8月，钱学森从上海黄浦江码头出发，赴美国留学，先后获得航空工程硕士学位，航空、数学博士学位。1955年冲破美国阻挠回国。10月8日，钱学森一家乘邮轮"克利芙兰总统号"驶抵香港，经深圳到广州。10月12日，钱学森一家乘火车从广州抵达上海，在上海愚园路一幢三层红砖楼房里，见到了阔别已久的父亲。

钱学森从小生活在一个家教严格的家庭，在他的幼年、青年的成长过程中，庭训给了他极为重要的影响。据钱学森的儿子钱永刚介绍，由于钱家支脉较多，故曾有家规，从钱氏第30代孙起启用家谱——"继承家学，永守箴规"。而这八字箴言也因此成为钱学森一家的家训。①

---

① 见《解放日报》，2009年10月31日。

在钱学森的一生中,母亲对他的影响是非常大的。母亲章兰娟为杭州富商之女,自幼受到良好的教育,有着极强的记忆力和计算能力。钱学森受到母亲的训教和影响主要是两个方面。第一方面,是知识的教化。在钱学森还不到上学的年龄,他母亲就在家中教他读书、识字。每天清晨,钱学森就开始跟母亲读、背唐诗、宋词,累了,就读一些儿童读物,并跟母亲学习用心算加减乘除。下午,又在母亲的督促下,画画和写些毛笔字。当钱学森开始将目光转向父亲的大书橱时,母亲对于儿子不断增强的求知欲望感到由衷的惊喜,就从丈夫的书橱里挑选出她认为儿子看得懂的书,给儿子看,并认真地给他讲书中的故事。母亲对钱学森影响的第二个方面,是品德的教育。钱学森家境优越,在北京市独居的大四合院,与他们相邻的有一些贫困的下层人士。但钱学森母亲对那些贫苦之人总是充满着同情,幼小的钱学森经常看到,穷苦的朋友和邻居只要到家中求助,母亲总是温和而又热情地接待这些穷朋友,借给他们钱和粮食。这些人确实无力偿还的,母亲决不再提起。对此,钱学森经常回忆说:"我的母亲是个感情丰富、纯朴而善良的女性,而且是个通过自己的模范行为引导孩子行善事的母亲。母亲每逢带我走在北京大街上,总是向着乞讨的行人解囊相助,对家中的仆人也总是仁厚相待。"钱学森认为,"母亲的慈爱之心给了我深远的连绵不断的影响。"

钱学森的父亲钱均夫,是钱学森的最早的启蒙者。钱均夫(1880—1969),早年就读于杭州求是学院(浙江大学前身),1902年留学日本,就读于东京弘文学院。1904年考入日本东京高等师范学校,学习教育学、地理学和历史。1910年,钱均夫回国,1912年在上海创办"劝学堂",以传播民主革命思想。在1911年—1913年钱均夫两次出

任浙江省第一中学 (现杭州第四中学) 校长。后赴北京教育部任职多年。后任浙江教育厅厅长。1956年被中央人民政府国务院任命为中央文史馆馆员。

在钱学森眼里，"我的第一位老师是我父亲"。首先，父亲的家教严格。钱均夫曾说，我们钱氏家族代代克勤克俭，对子孙要求极严，或许是受先祖《家训》的影响吧。[①] 钱学森五岁时能读懂《水浒传》。一天，钱学森问父亲："《水浒》中的一百零八个英雄，原来是天上的一百零八颗星星下凡的。人间的大人物，做大事情的，是不是都是天上的星星变的呀？"父亲觉得这问题挺大，认真想了一下，回答："《水浒》是人们编写的故事，其实，所有的英雄和大人物，像岳飞呀，诸葛亮呀，还有现在的孙中山呀，都不是天上的星星，他们原本都是普通的人，只是他们从小爱学习，有远大的志向，而且又有决心和毅力，不惧怕困难，所以就做出了惊天动地的大事情。"钱学森听罢，大受鼓舞，他说："英雄如果不是天上的星星变的，那我也可以做英雄了！"[②] 钱学森上中学时，父亲让他学理科，但在寒假里让他学画画、学乐器、学书法，给钱学森以形象思维的训练。他在青少年时期受到的形象思维训练，要远远大于同时期其他的人。钱学森在美国加州理工念博士时，师从冯·卡门教授，当钱学森将父亲让自己学画画、音乐的故事告诉冯·卡门时，冯·卡门称赞说："你的爸爸了不起。"[③]

1935年8月，钱学森从上海黄浦江码头出发，登上"杰克逊总统号"美国邮轮，走上了赴美国留学的道路。他的父亲钱均夫送钱学森一起登上邮轮。临别之际，钱均夫从衣袋里掏出一张纸，郑重地塞到儿子手里，

① 《太原日报》，2008年10月10日。
② 卞毓方：《钱学森：家世深厚，聪颖过人》，《天津日报》，2009年6月16日。
③ 《儿子眼中的钱学森》，《人民日报》，2009年12月10日。

说:"这就是父亲送给你的礼物。"说罢,钱均夫便快步走下舷梯,离即将负笈远行的儿子而去。钱学森等到父亲的背影消失以后,急忙打开纸条,上面写道:

> 人,生当有品:如哲、如仁、如义、如智、如忠、如悌、如教!
>
> 吾儿此次西行,非其凤志,当青春然而归,灿烂然而返!

这就是已经成年,即将负笈西行的钱学森又一次受到父亲的庭训。父亲亲手写在纸上的箴言,无疑会给他在美国的留学和工作生涯带来不可估量的影响。[①]

钱学森的家教,从钱学森的父亲钱均夫,影响到钱学森,钱学森又将钱氏家教,影响了儿子钱永刚。说起家教,钱永刚说:父母几乎没有"言传",只有身教。

据钱永刚介绍,"回想我从小到大,我主要是看父母怎么做我就怎么做。他们从来不会跟我说你要这样或者不要那样,而是用他们做人做事的方式自然而然地影响我们。"

钱永刚回忆,有一件事对他教育影响很大。有一次,家里的炊事员很郑重地对钱永刚说:"你父亲是个有学问有文化的人。"钱永刚当时就说:"这不用你说,我当然知道了。"但炊事员接着解释的话却让钱永刚记住了一辈子:"你看你父亲每次下来吃饭,都穿得整整齐齐,从来不穿拖鞋、背心。这是他看得起咱、尊重咱!"听了炊事员的介绍,钱永刚从此也向父亲学习,至今保留着吃饭要穿戴整齐的习惯。

[①]《感天动地钱学森》,《环球人物》2009年11月(上)。

"身教"的另一个表现，是钱学森的治学态度。钱永刚回忆说：

父亲回国的时候应该说就是世界知名科学家了，他的业余生活非常有限，一生都是在不断学习，不断地从新的知识里汲取营养。所以他从一线岗位上退下来以后，还能有所发现、有所创新，比如在系统科学理论方面，在沙产业方面。①

有一年夏天，钱永刚每经过父亲的书房，发现父亲正满头大汗地看书，认真态度让钱永刚深感惭愧。钱永刚说："他（父亲）用自己的行为告诉我什么是永不停步，什么叫活到老，学到老。"②

钱永刚说，父亲很反对做学问"小富即安"，他曾经说过：

我曾听清华大学的教授讲该校的校训"自强不息、厚德载物"，说得非常精辟。中国这么大的一个国家，不缺乏有智慧的人，但是为什么还要强调"自强不息"呢？因为中国人也有一个很不好的毛病——小富即安，一旦有了一些成果就很容易自满，不再继续追求往前走了。③

钱学森的这段话，不光是对儿子说的，也是对所有的家庭、父母和孩子说的，应该成为我们中华民族共同的"家训"。

---

① 《儿子眼中的钱学森》，《人民日报》，2009年12月10日。
② 《南方日报》2008年10月26日。
③ 《儿子眼中的钱学森》，《人民日报》，2009年12月10日。

5. 钱伟长家训

钱伟长,生于1912年,江苏无锡人。中国力学家、应用数学家、教育家和社会活动家。中国科学院院士,上海大学校长,中国近代力学、应用数学的奠基人之一。中国人民政治协商会议第六届、七届、八届和九届全国委员会副主席,民盟中央副主席、名誉主席。

钱伟长于1983年受命到上海出任上海工业大学校长,1984年兼任上海市应用数学和力学研究所所长。1994年,经国务院批准,上海工业大学、上海科技大学、原上海大学、上海科技高等专科学校合并为新的上海大学,钱伟长担任校长至今。钱伟长从1983年到上海工作至今,在上海已经整整27年了。

钱伟长出生在江苏无锡的一个小农村——七房桥。祖父和父叔都是贫穷的乡村教师,他们以微薄的薪资负荷着家庭重担。因此,钱伟长从幼年起就深知生活贫困的艰辛。

* 钱伟长

但是，贫困的生活并没有影响钱伟长从小就受到良好的家庭教养。他的家庭，对中国传统文化充满着热爱，又有着很高的修养和造诣。据钱伟长自己回忆：

幼年平时生活虽然清苦，但每逢寒暑假，父亲和叔父们相继回家，就在琴棋书画的文化环境中享受到华夏文化的陶冶。父亲和四叔陶醉于中国文化和历史，用薪资节省下来的钱购藏了四部备要和二十四史，以及欧美名著译本，夏天每年三天晒书和收书活动，我是最积极的参与者，从这些活动中，增长了我对祖国浩瀚文化的崇仰。六叔以诗词和书法见长于乡间，登门求墨宝者不绝于途，八叔善小品和笔记杂文，在《小说月报》和《国闻周报》经常刊出以"别手"笔名的文章，"别手"者捌也，八叔名"起八"字"文"，取"文起八代之衰"之意，他对唐宋古文很有见解，当时也曾受到文坛的重视。我是从八叔处初次借到《水浒传》阅读的，在没有进小学以前就开始阅读中国演义小说，从而阅读春秋左传以及史记汉书的。八叔只比我长七岁，我和八叔也最亲近，许多中国古代笔记杂文都是从八叔处接触到的。在幼年时，八叔也是我的家庭教师，父亲要求我每两天交一篇作文，并要求八叔亲自批改。这一训练对我非常有用，至少在进入学校后，国文课经常能得高分。①

从钱伟长这段回忆自述可以看出：一，他从小生活在一个充满读书和学术氛围的大家庭；二，父亲、叔叔都是醉心于中国传统文史的饱学之士；三，对钱伟长既宽容又严格，宽容的是允许幼年的钱伟长凭兴趣广泛

① 钱伟长：《八十自述》，见《钱伟长文选》第四卷，上海大学出版社，2004年4月出版，第59—60页。

阅读《水浒传》和其他演义小说、笔记杂文。说严格是钱伟长父亲要求钱伟长在读书之余，每两天交一篇作文，而且要八叔亲自批改。钱伟长自小受到的家训可以说是得天独厚的。

家庭文化对钱伟长的重要影响还体现在培养了钱伟长的围棋和音乐兴趣。钱伟长的父亲、叔父都精于围棋，经常打擂台，每到假期，钱伟长就观看父亲、叔父之间的对弈，在家庭的影响之下，钱伟长自己也会围棋、摆棋谱，并将围棋成为自己的终身业余爱好。

钱伟长的父亲、叔父们精于学问，但都不是三家村式的冬烘先生，他们极富情趣。除了是手谈高手外，对音乐也很喜爱。据钱伟长回忆：

这个大家庭，一到晚饭后，每天有一小时的音乐活动，父亲善琵琶和笙，四叔善箫，六叔好笛，八叔拉一手好二胡。他们合奏时，祖母、母亲、婶母和弟妹都围坐着欣赏，经常有邻居参加旁听，我听长了也能打碗击板随乐。这样的音乐活动，增加了我的节奏感。①

钱伟长后来到上海来先后担任上海工业大学校长、上海大学校长，非常重视大学生的体育教育、艺术教育，同他自己从小就受到体育和音乐艺术方面的熏陶、实践是分不开的。从钱伟长的经历和发展来看，家训和家教、门风，对一个人的成长是何等的重要啊。

---

① 钱伟长：《八十自述》，见《钱伟长文选》第四卷，上海大学出版社，2004年4月出版，第60页。

第八章

上海著名作家、艺术家家训

1. 邹韬奋家训

邹韬奋（1895—1944），中国新闻记者、政论家、出版家。名恩润，祖籍江西余江，生于福建永安。1921年毕业于上海圣约翰大学。后进中华职业教育社任编辑主任。1926年在上海主编《生活》周刊。1932年一二八淞沪抗战时，在沪西创设"生活伤病医院"。同年创办生活书店。1933年参加中国民权保障同盟，并被推选为执行委员。不久被迫流亡国外。1935年在上海、香港创办《大众生活》周刊、《生活日报》、《生活星期刊》，参加中国共产党领导的救亡运动，并任上海各界救国会和全国各界救国联合会的领导工作。1936年，与沈钧儒、李公朴等七人被国民党政府逮捕，为著名的"七君子"之一。抗日战争爆发后获释。后在上海、武汉、重庆等地主编《抗战》、《全民抗战》等刊物。皖南事变后被迫出走香港，复刊《大众生活》。1942年到苏北抗日民主根据地，1943年回上海治病，1944年在上海病逝。中共中央根据邹韬奋本人临终申请，追认其为中国

* 邹韬奋

共产党党员。著作编有《韬奋全集》、《韬奋文集》。

邹韬奋出生在一个官僚家庭。祖父邹舒宇，于咸丰十一年（1861年）考中清朝拔贡，先后任福建永安知县、长乐知县、延平府知府。1900年告退回江西老家，1908年病故。说到邹韬奋家训，祖父邹舒宇对邹韬奋家风的形成具有重要影响。邹韬奋的弟弟邹恩洵在回忆到祖父时说：

> 我们的祖父由于苦读了"功名"做了官。他因为自己是穷苦出身，极力清廉自守，只以"书礼传家"四个字作为他的心愿，并且受了初期的民主主义思想的感染，在清朝中叶后期"文字狱"风气还存在的时候，他的一篇文章却写着"天下者天下人之天下，非一人之天下也"的大胆的话语。[①]

可以说"清廉自守"是邹舒宇为邹家留下的门风，"书礼传家"是邹舒宇为邹家立下的家训。

邹韬奋的父亲邹国珍，是邹舒宇的第五个儿子。曾担任过福建省盐务局昭浦场盐大使，1915年迁居北京，又在财政部印花税处第二科担任过科长。1927年以后即退休家居。抗战爆发后，曾有汉奸前来威胁利诱，要邹国珍出任伪职，被邹国珍严词拒绝。邹国珍此举，继承了父亲邹舒宇"清廉自守、书礼传家"的遗训，同时，对邹韬奋等子女，也产生了重要影响。

邹韬奋的母亲查氏，为浙江海宁一个大家庭的"十六小姐"，对邹韬奋一生也产生了重要影响。1936年1月10日，也就是在母亲去世29年以

---

① 邹嘉骊：《忆韬奋》，转引自陈挥《韬奋评传》，上海交通大学出版社，2009年7月出版，第2页。

后，邹韬奋曾满含深情，写下一篇纪念文章《我的母亲》，写出了一个平凡的母亲"可爱的性格"、"努力的精神"和"能干的才具"。在邹韬奋的眼里，"母亲是最美的一个"。

邹韬奋自小受到父亲、母亲严格的家教。父亲虽说在当官，但家里却一贫如洗。可是，"书礼传家"的家训并没有因为家庭经济的窘迫而忘怀。根据邹韬奋的回忆，在他6岁时，父亲就为他"发蒙"，读的是《三字经》，第一天上课是"人之初，性本善；性相近，习相远"。后来家里节衣缩食，专为孩子读书请来先生。到邹韬奋10岁时，已经读《孟子》中的"孟子见梁惠王"了。父亲对邹韬奋读书的要求很严厉。邹韬奋回忆到父亲的这

* 1928年邹韬奋与妻子沈粹缜及长子家骅在一起

一时期的"庭训"时说：

> 到年底的时候，父亲要"清算"我平时的功课，在夜里亲自听我背书，很严厉，桌上放着一根两指阔的竹板。我的背向着他立着背书，背不出的时候，他提一个字，就叫我回转身把手掌展放在桌上，他拿起这根竹板很重的打下来。我吃了这下苦头，痛是血肉的身体所无法避免的感觉，当然失声地哭了，但是还要忍住哭，回过身去再背。不幸又有一处中断，背不下去，经他再提一字，再打一下，呜呜咽咽地背着那位前世冤家的"见梁惠王"的"孟子"！

邹韬奋说，"现在看来，这种教育方法真是野蛮之至"。邹韬奋父亲对儿子的"庭训"方式对我们今天的家庭教育也确实不足为训。然而我们也不能否定，正因为邹韬奋幼承父训，使他具有深厚的旧学根底。邹韬奋的父亲对孩子的启蒙教育尽管过于严厉，但并不等于说他是一个只重视旧学的封建老顽固。1909年，就是在父亲的同意和支持下，邹韬奋考进了公立苍霞中学堂预科。这是中国创办较早的一所新式学校。在学校里，邹韬奋除了学习国文课外，又学习英文、数学、物理、化学、历史、地理、修身和体操等课程。从家塾到洋学堂，邹韬奋无论在中国传统文化知识还是在现代数理化及史地等新知识方面，都打下了坚实的基础。这为邹韬奋日后的继续深造、发展，乃至最终成为中国第一流的新闻记者、政论家开了一个好头。

邹韬奋的成长发展，固然同自己的勤奋、刻苦、努力分不开，但祖父的"书礼传家"家训，清廉自守的门风，父亲不向日本侵略者弯腰曲项的民族气节，父母对子女的严格管教，都对邹韬奋产生了足以影响一生的积极作用。邹韬奋的父母一共生育了15个孩子，六男九女，邹韬奋为长子。除了

早逝的以外，良好的门风与家教，使得邹韬奋的众多的弟弟妹妹都得到比较好的成长与发展。

1923 年，邹韬奋和叶复琼结婚。婚后夫妻感情很好，然而两年不到，妻子却患伤寒不幸去世，这给邹韬奋以沉重的打击，使他心灵受到极大的创伤。1926 年，邹韬奋和沈粹缜又组成一个新的家庭。一直到 1944 年邹韬奋因病逝世，他们携手相伴，共同度过 18 年的风雨历程。邹韬奋和沈粹缜育有二子一女。长子邹家华（即家骅），次子邹竞蒙（即家骝），女儿邹家骊。邹韬奋虽然工作繁忙，但他和妻子从来没有一天放松过对子女的教育，使"书礼传家"、"清廉自守"的家风不仅在他自己身上体现，也通过家庭教育，传递到子女这一代。

邹韬奋像所有做父亲的那样，非常喜欢孩子。他有了儿子邹家华以后，下班回家的第一件事就是要亲亲儿子。女儿家骊小时候在家里没完没了地哭闹，邹韬奋从不发火，总是极有耐心地哄着女儿，直到女儿破涕为笑。然而，欢喜不等于溺爱。在对孩子的教育方面，邹韬奋绝对是严格的。平时在家里吃饭，他都要求孩子自己盛饭、添饭，不允许假手于他人，他要从这些生活小事方面着手让孩子养成自己动手的良好习惯。在学习方面，他对孩子抓得很紧，但他不允许打骂孩子。有一次邹家骊在学校因为古文背不出来而受到老师责打，邹韬奋下班回来知道后立即赶到学校，向老师提意见。在要不要给孩子零花钱的问题上，邹韬奋和妻子是有分歧的。沈粹缜主张在钱的问题上对孩子要严，不给孩子零花钱，怕孩子吃零食。邹韬奋却主张适当给孩子一些零钱，一方面可以让孩子随时买一些学习用品，更重要的是培养孩子的独立生活习惯和能力，这就是严格而又不死板。邹韬奋教育子女严格但从不把自己的意志强加在子女头上，总是充分考虑到子女的兴趣。邹家华从小就喜欢摆弄机器，对家里的玩具或其他东西，总是拆了装，装了拆，弄得满地都是。邹韬奋不但不责怪孩子，而且从中看到了孩子的兴趣所在，主张顺应孩子的兴趣去发展，他对沈粹缜说过，华儿如此喜欢机器，我们就朝这方向培养他吧。在孩子的教育培养方面，邹韬奋一直和自己童年时受到的庭训在做比较。父亲用两指宽的竹板打他的手掌，他是反对的，他认为这种教育方法是野蛮之至；父亲将自己送进南洋公学，一心想把儿子培养成工程师，从没有想到自己对文科的强烈爱好，对数学、物理类课程毫无兴趣这个基本事实。结果自己最终还是改学文，父亲培养儿子成为工程师的理想只好破灭。邹韬奋继承了父亲对孩子教育严格的家风，但对父亲教育的方法并不认同，这也是邹韬奋对"书礼传家"家训的发展。

1944年6月2日，邹韬奋积劳成疾，生命垂危。他自知不起，召集亲友，口授以下遗嘱：

我自愧能力薄弱，贡献微少，二十余年来追随诸先进，努力于民族解放、民主政治和进步文化事业，竭尽愚钝，全力以赴，虽颠沛流离，艰苦危难，甘之如饴。此次在敌后根据地视察研究，目击人民的伟大斗争，使我更看到新中国光明的未来。我正增加百倍的勇气和信心，奋勉自励，为我伟大祖国与伟大人民继续奋斗，但四五年来，由于环境的压迫，我的行动

* 邹韬奋手迹

不能自由，最近更不幸卧病经年，呻吟床褥，竟至不起，但我心怀祖国，眷恋同胞，愿以最沉痛的迫切的心情，最后一次呼吁全国坚持团结抗战，早日实行真正的民主政治，建设独立自由幸福的新中国。我死后，希望能将遗体先行解剖，或可对医学上有所贡献，然后举行火葬，骨灰尽可能带往延安，请中国共产党中央严格审查我的一生奋斗历史，如其合格，请追认入党，遗嘱亦望能妥送延安。我妻沈粹缜女士可参加社会工作，长子家骅专攻机械工程，次子家骝研究医学，幼女家骊爱好文学，均望予以深造机会，俱可贡献于伟大的革命事业。

一九四四年六月二日口述签字①

　　这篇遗嘱回顾了自己二十余年为抗战、为民主、为进步文化事业而努力而斗争，虽备尝艰辛，却甘之如饴。又回顾了在苏北抗日民主根据地亲眼看到的人民的伟大斗争，认为从他们身上看到了新中国光明的未来。他虽然卧病经年，呻吟床褥，但心怀祖国，眷恋同胞之念丝毫未减。1944年，是中国人民抗日战争进入最关键也是行将夺取全面胜利的一年，邹韬奋满怀乐观，憧憬着一个独立自由幸福的新中国的诞生。也就在这篇遗嘱中，他向中共中央提出了加入中国共产党的庄严申请。

　　7月24日晨7时20分，邹韬奋逝于上海。9月28日，被中共中央追认为中国共产党党员。

　　邹韬奋在遗嘱中，分别提到自己的两个儿子家骅、家骝，女儿家骊，希望让他们都得到深造的机会，以贡献于伟大的革命事业。从儿女三人的成长来看，他们都没有辜负邹韬奋的期盼，为邹家门风增添了新的光彩。

---

① 鲁秋园编注：《红色遗嘱》，江西人民出版社，2006年6月出版，第176—177页。

长子邹家华（骅），在父亲去世以后，参加了新四军，追随父亲的足迹，走上了革命的道路。1945年加入中国共产党。抗战胜利后，在东北地方担任党的工作。后来赴苏联学习，以优异的成绩学成回国，长期在机械制造行业担任领导工作，为我国的机械工业的发展做出了重要贡献。1986年12月，担任国家机械工业委员会主任、党组书记，1988年4月任国务委员兼机械电子工业部部长、党组书记，1991年任国务院副总理兼国家计划委员会主任，1993年3月任国务院副总理，1998年3月任第九届全国人民代表大会常务委员会副委员长。为中共十三届、十四届中央委员，政治局委员。

　　次子邹家骝，在邹韬奋病危和逝世时，被母亲留在桂林，未能见到父亲最后一面。1944年，邹家骝随生活书店的同志一起到重庆，周恩来将他带到延安，进入延安大学自然科学院机械工程系学习。此前邹家骝曾化名沈竞蒙，到延安后，他恢复"邹"姓，仍以"竞蒙"为名。解放以后，邹竞蒙于1956年到1961年在哈尔滨军事工程学院气象系学习，接着在北京大学攻读研究生课程。1973年起，先后任中央气象局负责人，国家气象局局长，世界气象组织中国常任代表，世界气象组织执行理事会成员。1987年5月在日内瓦举行的第十次世界气象大会上，邹竞蒙当选为世界气象组织主席。他是自中国参加国际气象组织以来在该组织中担任的最高职务，也是中国在联合国各专门机构中首次担任主席职务。1991年5月，在世界气象组织第二十一次大会上，邹竞蒙被连选为世界气象组织主席。邹竞蒙是新中国气象事业的创建者，中国气象事业走向现代化的领导人，也是唯一在联合国专门机构连任两届主席职务的中国人。

　　女儿邹家骊，继承父业，长期从事编辑工作。也担任过韬奋纪念馆副馆长。20世纪80年代以来，邹家骊殚精竭虑，搜集整理父亲的著述和研究资料，先后编辑出版了《韬奋著译系年目录》、《韬奋画传》、《韬奋手迹》、《忆韬奋》等书。1995年,凡14卷的《韬奋全集》正式出版,为父亲诞辰100周年献上一瓣心香。

2004年,在纪念邹韬奋逝世60周年的大会上,邹家骊深情回忆了60年前父亲的嘱咐。她说:"在已经发表的遗嘱中,说到我的只有一句话:'幼女家骊爱好文学',这就是父亲生前最终对我的一点期望,实现他的期望,要靠我的努力,更靠父亲临终给我留下的三个字:'不要怕。'这成了我终生受用的精神力量。"

2. 周信芳家训

周信芳(1895—1975),中国京剧表演艺术家,京剧麒派艺术的创始人。名士楚,艺名麒麟童。祖籍浙江慈溪,生于江苏江浦(今淮阴市)。出身京剧艺人家庭,七岁学戏,并以"七龄童"艺名在杭州演出,演老生。1906年八岁的周信芳,随父亲到上海,被邀参加王鸿寿筹组的满春班,始

* 周信芳

演正戏。12岁时开始以"麒麟童"艺名演于南京、上海。1908年，带艺进入北京喜连成科班。五四运动前后演出《宋教仁》、《王莽篡位》、《学拳打金刚》等新戏，抨击袁世凯。长期在上海演出，曾受谭鑫培、冯子和等影响，并与王鸿寿、汪笑侬、潘月樵等协作，编演、移植了许多剧目。艺术上继承和发展民族戏曲的现实主义表演方法，塑造了许多性格鲜明的典型人物，形成自己的艺术风格，影响很广，世称"麒派"。代表作有《四进士》、《徐策跑城》、《萧何月下追韩信》、《清风亭》、《义责王魁》等。抗日战争期间，积极编演宣传爱国思想的剧目。建国后历任上海市文化局戏曲改进处处长、中国戏曲研究院副院长、华东戏曲研究院院长、上海京剧院院长、中国戏剧家协会副主席、上海市文学艺术界联合会副主席、中国戏剧家协会上海分会主席。1959年加入中国共产党。在文化大革命期间受尽迫害，1975年3月8日，病逝于上海华山医院。1978年8月16日，在上海龙华火葬场举行周信芳同志平反昭雪大会，并举行骨灰安放仪式。论著编为《周信芳戏剧散论》，另有《周信芳舞台艺术》戏曲影片和艺术经验集。

周信芳祖上原为官宦人家，先祖静庵公在明代当过江西道监察御史。曾祖父周亦溪当过太学官。但到了周信芳父亲周慰堂的时候，已家道中落，周慰堂不得不在县城的一家布店先后当学徒和伙计。后周慰堂迷恋上了京剧，竟一发不可收拾，最后辞去布店营生"下海"进入戏班。因此，周信芳也算是梨园世家出身。

在父亲的影响和督促下，周信芳开始了拜师练功学戏。由于他天资聪慧，加之对京剧充满了兴趣和热爱，又肯刻苦用功，学戏一年多就正式以"七龄童"艺名登台演出，并开始崭露头角。此后，周信芳便以"麒麟童"的艺名蹿红于上海。然而周慰堂并没有满足于儿子的这点名气，也没有目光短浅地拿儿子当摇钱树到处去演唱以赚钱。他为了使儿子的京剧艺术水平更上一层楼，毅然作出一个决定，送儿子到北方去学习、实践、闯荡。周信芳北行之前，周慰堂拉着周信芳的手，语重心长地说：

> 要唱到老、学到老，倘若后台有人指点你的错误，你要垂手站立，恭恭敬敬地听他指教，就是跑龙套的来说你，也要如此。你不可轻视他是跑龙套的。他虽站在两边，但是当中的好角色，比你见得多。他既来说与你听，一定有好处来教授。俗话说，一字便为师，怎好傲慢无礼。虽则往往有不合之处，那就要你自己去选择。听到了好的意见，下次就改一下，不好的自然也就不采用了。但是你当时不准和批评的人争辩，埋没人家的好意……①

父亲的这段话，通篇讲的是唱戏的事，但却是告诉周信芳做人的道理。这一席话，可以说对周信芳日后学艺做人产生了一辈子的重要影响。论唱戏，周慰堂是不能和儿子周信芳相提并论的，但周信芳日后艺事大进，大红大紫，享誉氍毹，周慰堂的庭训功不可没。

关于周信芳的家训，有三方面是值得一说的：

一是具有特色的家训观。在梨园史上，子承父业是很普遍的，也是天经地义的。如京剧谭门七代，相传不衰，成为美谈。周信芳作为京剧老生重要流派麒派的创始人，和妻子裘丽琳生有子女6人，真正从事京剧表演的却只有儿子周少麟一人，而且这也并非是周信芳本人着意从小培养的。为什么子女众多，但走上京剧专业表演之路的极少，这是和周信芳、裘丽琳夫妇的家训观分不开的。以周信芳夫妇的本意，他们不希望子女进科班，学唱戏，克绍箕裘，子承父业，而是要孩子走一条上学、读书，出国留

---

① 沈鸿鑫、何国栋：《周信芳传》，河北教育出版社，1996年12月出版，第21—22页。

学,接受正规教育的道路。其原因,周信芳的二女儿周易(采蕴)和长子周少麟在回忆中都讲到过,如周少麟回忆说:

> 父亲和母亲都要我们上学、读书。根本没有考虑过学戏的事。
>
> 后来我逐渐知道,父亲能有今天,决不是一步登天,一蹴而就。
>
> 他是经过了刻苦的磨练,经过了曲折的道路,才能成为名演员。更重要的是尽管在台上成了名,在旧社会戏曲演员是没有社会地位的,再有名也还是会被人看不起,被叫做"戏子"。
>
> 我想,这就是父母,尤其是父亲从不考虑我们学戏,只要我们上学读书的原因。①

---

① 周少麟:《海派父子》,宁波出版社,2005年1月出版,第4页。

周少麟还说："在我们出生以前，父亲就给我们准备了三大部书：工业大纲、法律大纲和医学大纲。可见他设想将来孩子的前途，学工、学法、学医，皆无不可，就是不要学戏。"① 周易在她的回忆中，也表达了类似的意思。正因为周信芳夫妇的这种子女教育观，结果6个子女，长女周采藻从震旦女中毕业，考入美国马里兰大学，次女周易（采蕰），1950年考入上海圣约翰大学新闻系，三女周采芹，1950年赴英国，次年考入位于伦敦的英国皇家戏剧学院表演系，成为一个不同于京剧表演体系的著名导演和演员，长子周少麟1951年考入震旦大学外文系，次子周英华，随姐姐周采芹远赴英国，他虽未读大学，却靠自己的勤奋和能力，在英国、美国成功地经营着几家餐馆。一个京剧大师，子女都能用功读书，考进大学，各有所成，可以证明，周信芳的家庭教育观念是有特色的，也是成功的。

二是对子女要求严格。周信芳只要在舞台上一站，可以说是满台生辉，具有极大的感染力，可是在生活中却是个沉默寡言的人。他非常喜欢自己的孩子，却不轻易地流露出这种感情，他对子女的关爱都放在心里。然而他绝不溺爱自己的孩子，而是时时处处严格要求着。他自己喜欢看书，对子女的读书学习也抓得很紧。周采芹在上海读初二时，因自己喜欢演戏、导戏、写戏，耽误了学习留了级，结果遭到了周信芳的严厉责备，周采芹回忆道："父亲说，他从小穷得不得了，只能唱戏，从来没去学校读过书，费了那么多钱不是要我去做戏的，而是要让我去学习的。由此，我就开始用功了。"② 从周信芳满60岁以后每回他离开上海出门去巡回演出，妻子裘丽琳便相伴而去，目的是为了沿途照顾丈夫的起居饮食，但是，裘丽琳的那份开支，都由周信芳自费负担。周易有一次经团里批准，跟着父

---

① 周少麟：《海派父子》，宁波出版社，2005年1月出版，第4页。
② 俞亮鑫、李思姗：《周采芹：对成名作不屑一顾》，《新民晚报》2010年2月19日。

亲到大西南巡回演出，也同样自理一应费用。父亲周信芳是上海京剧院院长，但律己严格，这给周易留下深刻印象，也从中受到教育。长子周少麟最终挡不住唱戏的诱惑，在成年以后开始学戏。周信芳虽然对儿子学戏唱戏不再表示异议，但一开始就对儿子提出：

　　你既然立志要做一个京剧演员，那就好好地学习吧。可是要自己下苦功，不要想扛着我的这块牌子。你要是现在不刻苦，以后学成了半吊子，我是决不会让你登台的。[1]

　　周信芳对儿子是这样说的，也是这样做的。作为名满天下的大角，上海京剧院院长，他从没有给儿子以特殊照顾。对儿子艺术的进步从不轻易表扬，儿子要进上海京剧院，和其他人一样接受考试，当别人夸奖周少麟艺术大有进步时，周信芳总是说："他还缺功。"周少麟在泰州演出时，当地的京剧团提出要周少麟当团长，周少麟也跃跃欲试，周信芳知道后，极力表示反对，给周少麟写信，要儿子不许当团长，他告诉儿子：你的职业你的任务是演戏，首要的是把戏演好。最后周信芳还给儿子下了"最后通牒"："要是不辞掉团长，你就回来！"对此，周少麟是明白父亲的苦心的，父亲希望自己专心唱戏，钻研业务，提高业务，不希望这件事同父亲的巨大名望扯上关系。因此，周少麟通过"团长"风波，深情地说："我更加理解我的父亲。我也更加敬爱我的父亲。"[2] 周采芹回忆说：在她17岁去英国留学前，父亲在书房送给自己一份礼物，是京剧《明末遗恨》剧本。周采芹说，父亲演这出戏就是要提醒面临日本侵华危机的

---

① 沈鸿鑫、何国栋：《周信芳传》，河北教育出版社，1996年12月出版，第201页。
② 周少麟：《海派父子》，宁波出版社，2005年1月出版，第33—34页。

＊ 周信芳在《义责王魁》中饰王中

中国人，我们要是不能以古为镜的话，我们也会亡国的。[1] 这是周信芳要求女儿出国，不要忘记自己是中国人，他是以他特有的方式对女儿进行爱国主义的教育。

　　三是对子女教育得法。周信芳对子女管得严，但却有方法、有艺术。周少麟在学校的理解和支持下，办好大学退学手续，正式学艺。周信芳并没有让儿子一开始学自己的麒派，而是从谭（鑫培）派开始，认为必须先给儿子打好基础。为此，周信芳特地请来京剧谭派、余（叔岩）派名教师产保福、陈秀华、刘叔诒教周少麟，还请来昆曲老师方传芸教儿子昆曲。周信芳自己也亲自给儿子教戏，教的不是麒派戏，而是谭派《空城计》。周信芳为了让儿子更好地练功、学戏，不惜花钱在自家的花园里搭了一个

---

① 俞亮鑫、李思姗：《周采芹：对成名作不屑一顾》，《新民晚报》2010年2月19日。

戏台。关于周信芳教周少麟谭派戏,而不让儿子先学自己的麒派,是周信芳家训的一大特色,也是梨园界教学的一个典范。现在周少麟已经被公认为麒派艺术的主要传人,演麒派戏颇具乃父风范,平心而论,和他的谭派基础是分不开的。

周易有一段文字,记载了父亲周信芳对她的关爱和影响,从中可以看出周信芳教育子女独特的方法:

父亲生平别无嗜好,就只是喜欢买书。他手头不放钱,每星期只向母亲拿一些零花钱,一拿到就到商务印书馆去蹓跶一次,回来时手中总有几本书或是杂志。他买书不是为了藏书,更不是为了点缀。他自己阅读的兴趣不外于中国文史,古戏曲等,然而他什么书都买。当我搜索他的书橱时,常会惊奇地发现许多著名作家成套集子,从而开拓了我的阅读境界,提高了我的鉴赏力。直到我长大后,才领悟到他当时买这些书籍实在都是为了我。他明知我在翻阅他的藏书,便在暗中逐步引导我的阅读兴趣。至今我不能忘却的,是他买给我的,也是我最心爱的《天鹅童话集》,我一直珍藏到大学时期,书面多半已翻烂了。[1]

周易的这段回忆,写得很生动、真实,周信芳不是一个轻易表达感情的人,他对子女的关心、教育、爱护,大多都是通过如周易所描写的那样体现出来的。而这样的细节,却能让孩子记住一辈子,受用一辈子。

---

[1] 周易:《来自旧金山的怀念——爸爸周信芳和我们》,载《周信芳艺术评论集》,中国戏剧出版社,1982年12月出版,第575—576页。

3. 茅盾家训

茅盾（1896—1981），中国作家、社会活动家。原名沈德鸿，字雁冰，浙江桐乡人。1916年北京大学预科毕业后进上海商务印书馆编译所任编辑。1920年参加上海马克思主义小组活动，1921年加入中国共产党。同年与郑振铎、王统照等发起成立文学研究会。主编《小说月报》，撰写了大量社会评论和文学评论，广泛介绍外国各种文学思潮和作品。1923年在上海大学任教，并担任上海商务印书馆支部书记、中共上海地方兼区执行委员、国民运动委员会委员长、国民党上海市党部宣传部长。五卅运动时参与领导上海工人罢工活动。1926年初去广州，任国民党中央宣传部秘书。中山舰事件后回到上海，任国民党上海特别市党部主任委员。大革命失败后，在上海以写作为生。1928年夏离上海到日本，同中国共产党失去组织联系。1930年回到上海，参加左联，并担任领导工作。1932年完成长篇小说《子夜》。此外，还发表了《林家铺子》、《春蚕》等小说及一些散文随笔。抗日战争爆发后，积极从事抗日救亡工作。1938年起曾主编《文艺阵地》和《立报》副刊"言林"。1938年年底去新疆学院任教，并任新疆各族文协联合会主席和新疆中苏文化协会会长。1940年到延安参观和讲学。1941年皖南事变后不久，在香港创作长篇小说《腐蚀》。后到桂林、重庆等地。建国后，当选为中国文联副主席和中国作协主席，曾任文化部长，当选为历届全国人大代表、全国政协常务委员和政协第四、五届委员会副主席。曾主编《人民文学》、《译文》等刊物，撰写《夜读偶记》等文艺理论和文艺批评论著，为建设社会主义文化，团结壮大革命文艺队伍，促进中外文化交流作出了卓越贡献。1981年病逝，中共中央根据他的请求和一生的革命功绩，在他逝世后恢复了他的中国共产党党籍，党龄从1921年算起。作品编为《茅盾全集》。

说起一代文豪茅盾的家训，可以从他的祖父说起。茅盾的祖父名叫沈思培，字砚耕，是一名秀才，屡考乡试，都没有中试。他一生下来，就不知稼穑之艰难，只知饭来张口，衣来伸手。对儿女，他从不加以管教，常说一联成语："儿孙自有儿孙福，不替儿孙作牛马。"他又常说："先人授我者若干，我在男婚女嫁之后，尚能以先人授我者留给儿孙，则亦有可谓仰不愧而俯不怍了。"对祖父的这种放任儿女的态度，茅盾的父亲很不满意，曾婉劝多次，但并无效果。①

茅盾的父亲沈永锡，字伯蕃，1872年生，16岁中秀才。按茅盾曾祖父的意愿，是希望儿孙辈能从科举出身，改换门庭。得知长孙，也就是茅盾的父亲少年中了秀才，十分高兴，就严厉督促他攻读八股，希望他能中个举人。但是茅盾的父亲订婚以后，眼看一家全靠茅盾的曾祖父经商挣钱养活，于是就提出，要向岳丈，也就是茅盾的外祖父学医。茅盾的曾祖父最后勉强同意。

茅盾父亲结婚那年，正是中日甲午战争爆发。康有为领导的公车上书，对于富有爱国心的士大夫，是一个很大的刺激，变法图强的呼声，震动全国，连江南小镇乌镇也波及了。茅盾的父亲也成了维新派，心底讨厌八股文，喜欢数学，并从上海图书集成公司出版的《古今图书集成》这部大型类书中找到了学数学的书，由浅入深自学起来。还根据上海《申报》广告，买了一些声、光、化、电的书，还买了一些介绍欧、美各国政治、经济制度的新书。父亲的新思想和追求新知识，无疑对年幼的茅盾产生了重要影响。

在茅盾八岁的时候，父亲病倒了。后经医生诊断，为骨癌。一年以

---

① 《茅盾自传》，江苏文艺出版社，1996年7月出版，第11页。

后，他自知病体难捱，来日无多，就留下遗嘱。根据茅盾回忆，父亲遗嘱要点如下：

中国大势，除非有第二次的变法维新，便要被列强瓜分，而两者都必然要振兴实业，需要理工人才；如果不愿在国内做亡国奴，有了理工这个本领，国外到处可以谋生。

遗嘱中又训诫茅盾兄弟两人不要误解自由、平等的意义。

在茅盾父亲立遗嘱后的一天，父亲指着谭嗣同的《仁学》对茅盾说："这是一大奇书，你现在看不懂，将来大概能看懂的。"自立遗嘱以后，茅盾父亲不再看数学方面的书，却天天议论国家大事，常常讲日本怎样因明治维新而成强国。他还常常勉励只有九岁的茅盾："大丈夫要以天下为己任。"并反复向儿子说明这句话的意义。①

茅盾十岁那一年的夏末秋初，父亲去世了。茅盾母亲在丈夫的灵堂前，用恭楷写了副对子：

幼诵孔孟之言，长学声光化电，忧国忧家，斯人斯疾，奈何长才不展，死不瞑目；

良人亦即良师，十年互勉互励，电碎春红，百身莫赎，从今誓守遗言，管教双雏。

在这副对子中，茅盾的母亲道出了茅盾父亲忧国忧家，奈何长才不展的遗憾，讲到夫妻十年互勉互励的真挚感情，特别提到丈夫也是自己的良师，并表达一定遵照丈夫遗言，承担起教育孩子的重任。

茅盾的母亲陈爱珠，从小寄养在一个王姓老秀才家中，跟老秀才学会了读、写、算，还念了不少古书。19岁时与茅盾父亲成婚，又按照丈夫的意愿，读了《史鉴节要》等历史书和《瀛环志略》（清朝徐继畬编著，道光二十八年（1848）刊行，此书与魏源的《海国图志》同为中国早期关于世界地理的书籍）等关于世界各国历史地理的书籍。到茅盾5岁时，母亲根据丈夫的嘱咐，根据她读过的《史鉴节要》用浅近之言，自编教材，开始承担起教育培养孩子的责任。同时，茅盾还从母亲那里学习上海澄衷学堂用的新教材《字课图识》，以及《天文歌略》和《地理歌略》。按照茅盾5岁时的时代特点和家庭环境，茅盾应该到家塾学习。茅盾家里的家塾，已经办了好多年。

---

① 《茅盾自传》，江苏文艺出版社，1996年7月出版，第29页。

茅盾的3个小叔子和二叔祖德几个孩子都在家塾里念书。老师就是茅盾的祖父。但茅盾的父亲却不让茅盾进家塾,原因是他不赞成自己父亲教的内容和方法。于是,母亲就成了茅盾的第一个启蒙老师。茅盾父亲、母亲这种家教理念和特殊的教育方法,使茅盾接受了一种新式的"庭训"。

茅盾的父亲去世以后,茅盾的母亲将全部的心血倾注到茅盾兄弟俩身上。因为茅盾是长子,母亲对他管教更严。如果听到下课铃声茅盾还没回家,母亲一定要查问为什么迟到,是不是到别处去玩了。据茅盾回忆,有一件事让他终身难忘:

有一天,教算学的先生病了,我急要回家,可是一个年级比我大五、六岁的同学拉着我跟他玩,我不肯,他在后面追,自己不小心在学校大院子里一棵桂树旁边跌了一跤,膝头和手腕的皮肤的表层擦破了,手腕上还出了点血。这个同学拉着我到我家中向母亲告状。母亲安慰那个同学,又给他几十个制钱,说是医治他那个早已血止的手腕。这时,我的祖母和最会挑剔的二姑母(因她排行是第二)都在场,二姑母还说了几句讥讽母亲的话,于是母亲突然大怒,拉我上楼,关了房门,拿起从前家塾中的硬木大戒尺,便要打我。过去,母亲也打我,不过用裁衣的竹尺打手心,轻轻几下而已。如今举起这硬木的大戒尺,我怕极了,快步开了房门,直往楼下跑,还听得母亲在房门边恨声说:"你不听管教,我不要你这儿子了。"我一直跑出大门到街上去了。这时惊动了全家,祖母命三叔找我。三叔找不到,回家复命。祖母更着急了,却又不便埋怨我母亲。我在街上走了一会儿,觉得还是应当回学校请沈听蕉先生替我说情。沈先生是看见那个同学自己绊了一跤的。沈先生带我到家中大门内那个小院子里,请母亲出来说话。母亲却不下楼,就在楼上面临院子的窗口听沈先生说明。沈先生说:"这事我当场看见。是那孩子不好,他要追德鸿,自己绊了跤,反诬告德鸿。怕你不信,我来作证。"又说:"大嫂读书知礼,岂不闻孝子事亲,小杖则受,大杖则走乎?德鸿做得对。"母亲听了,默然片刻,只说了"谢谢沈先生"就回房去了。祖母不懂沈先生那两句文言,看见母亲只说"谢谢"就回房,以为母亲仍要打我,带我到房中。这时母亲背窗而坐,祖母叫我跪在母亲膝前,我也哭着说:"妈妈,打吧。"母亲泪如雨下,只说了"你的父亲若在,不用我……"就说不下去,拉我起来。

事后,我问母亲,沈先生那几句话是什么意思,母亲说:"父母没有不爱子女的,管教他们是要他们学好。父母盛怒之时,用大杖打子女,如果子女不走,打伤了,岂不反而使父母痛心么?所以说大杖则走。"

从此以后,母亲不再打我了。①

茅盾的这段回忆母训的文字很令人感动。从中可以看出,一是茅盾的母亲秉承丈夫的遗愿,严格要求儿子;二是茅盾母亲严于律己,宽以待人的良好品德;三是通过向儿子讲到"孝子事亲,小杖则受,大杖则走",对儿子进行教训。茅盾母亲的这种庭训很容易使我们想起孟子母亲教子的故事,这件事对童年时代的茅盾无疑是产生了深刻的影响。

1976年7月4日,已经年满80的茅盾,还在《八十自述》中回忆起母亲对自己的这段"家训":

> 忽然已八十,始愿所未及。
>
> 俯仰愧平生,虚名不副实。
>
> 昔我少也孤,慈母兼父职。
>
> 管教虽从严,母心常戚戚。

---

① 《茅盾自传》,江苏文艺出版社,1996年7月出版,第39页。

儿幼偶游戏,何忍便扑责。

旁人冷言语,谓此乃姑息。

众口可铄金,母心亦稍惑。

沉思忽展颜,我自有准则。

大节贵不亏,小德许出入。

课儿攻诗史,岁终勤考绩。①

对于父母双亲对自己的抚养、教训,茅盾终身铭记在心。1970年秋天,已经74岁的茅盾,写了一首七律,诗曰:

乡党群称女丈夫,含辛茹苦抚双雏。

力排众议遵遗嘱,敢犯家规走险途。

午夜短檠忧国是,秋风落叶哭黄垆。

平生意气多自许,不教儿曹作陋儒。②

在诗中,茅盾高度评价了自己引以为豪的母亲,对母亲严遵丈夫遗嘱,力排众议,含辛茹苦抚养和教训自己和弟弟沈泽民充满思念和感激之情。诗中"女丈夫",指作者母亲陈爱珠,"双雏",指作者及其弟沈泽民。

1981年3月14日,重病中的茅盾自知不起,给中国作家协会书记处留下遗书:

---

① 《茅盾诗词集》,上海古籍出版社,1985年4月出版。
② 同上书。

＊ 茅盾和巴金在一起

亲爱的同志们，为了繁荣长篇小说的创作，我将我的稿费二十五万元捐献给作协，作为设立一个长篇小说文艺奖金的基金，以奖励每年最优秀的长篇小说。我自知病得不起，我衷心地祝愿我国社会主义文学事业繁荣昌盛！

最崇高的敬礼！

茅盾

一九八一年三月十四日

茅盾在大革命失败以后，从事文学创作。他的小说《幻灭》、《虹》、《子夜》、《林家铺子》、《春蚕》、《腐蚀》、《霜叶红似二月花》等作品，在中国现代文学史具有很高的地位和重要影响。在自己即将离开人世之前，留下遗嘱，捐出稿费，用于繁荣长篇小说的创作，从中我们可以看出这位大文豪高尚的品德和宽广的胸襟。

1982年，根据他的生前遗愿，由中国作家协会主办设立"茅盾文学奖"，由巴金任评委会主任。这个奖项至今仍是我国最具影响的文学大奖之一。

4. 丰子恺家训

丰子恺（1898—1975），中国画家、文学家、美术和音乐教育家。浙江桐乡人。1914年入浙江省立第一师范学校，从李叔同学习绘画、音乐、日文等。1919年毕业后到上海，与人创办上海师范专科学校。1921年东渡日本留学，同年回国。1924年在上海参与创办立达学园。1925年，先后任上海师范专科学校、上海艺术大学等校艺术教师。1926年1月起，开始在上海复旦实验中学、澄衷中学、松江女子中学兼职授课。1929年任开明书店编辑。1931年移居杭州，专事绘画和译著。抗日战争爆发后，赴江西、桂林、重庆等地任教。曾参加中华全国文艺界抗敌协会。五四运动后创作漫画。早期漫画多暴露中国旧社会的黑暗，后期常作古诗词新画，并常以儿童生活作题材。造型简括，画风朴实，受清画家曾衍东（七道士）和日本画家竹久梦二的影响。建国后历任全国政协委员、上海文联副主席、上海中国画院院长、中国美术家协会上海分会主席等职。有《丰子恺漫画》。著有《音乐入门》，译有《西洋画派十二讲》和外国文学作品《源氏物语》、《猎人日记》等多种。擅散文和诗词，文笔隽永清朗，语淡意深，有《缘缘堂随笔》等。

丰子恺出生在诗书礼仪之家。父亲丰鐄，虽然中了举人，却因丧母守制，按规定三年之丧，不可进京会试，因而未能进入士大夫阶层，后因病英年早逝。母亲钟云芳，一生育有七女三男，丈夫死后，留下孤儿寡妇多人，生计过得艰难。但母亲贤淑勤劳，治家有方，教子严格，对丰子恺一生影响很大。

丰子恺在家中虽是第七个出生，但却是长男，母亲从小对他寄予厚望。丰鐄亡故以后，每到农历正月初二，丰子恺都要在母亲的督促之下，承担长男之责，在亲友间拜迎送往。丰子恺母亲让时年12岁还是孩子的丰子恺穿上礼服上街。是希望儿子将来也能像丈夫那样中举，重振家声。丰子恺的母亲还把丈夫的书籍、考篮、知卷、中举的报单以及衣冠等，都郑重地保管收藏着。尽管当时科举已废，但丰子恺母亲却想到也许将来科举恢复，可给儿子以参考或应用。对母亲的这片苦心，当时的丰子恺并不能完全体会，只是到了成年以后，更加理解一个做母亲的拳拳之心。

丰子恺母亲对丰子恺的管教很严格。1912年2月在丰子恺15岁时，政府发出通令："民间一律剪辫，限农历年底（公历2月17日）止。"丰子恺看到以后，便擅自剪掉了辫子。母亲知道后大怒，把丰子恺痛骂了一顿，并大哭一场，又将儿子剪下的辫子套在红封袋内珍藏起来，还命令在父亲遗像前下跪。也是这一年，丰子恺所在学校因经费不足，校长包丞伯主张增收学生的学杂费用，丰子恺便不管天高地厚，写了一封信给包校长，为学生请命。信中写道："人的眼珠是乌黑的，银洋钿是雪白的。"以此讥讽校长。这件事被母亲知道后，又被母亲严训一顿：为同学请命是好的，但不可对校长无礼讥讽。丰子恺剪辫和为学生请命也许并无不当，但

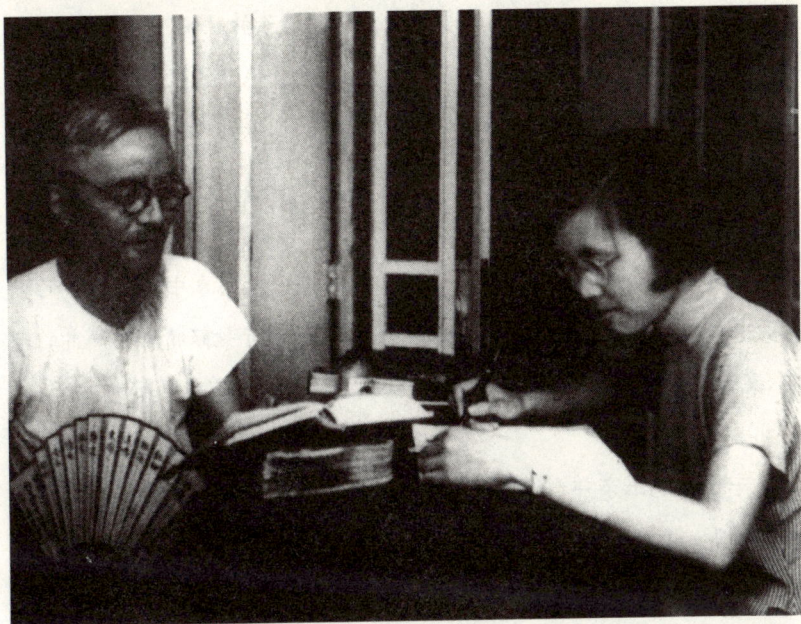

母亲的训诫还是给了童年丰子恺震动和教育。有人说丰子恺一生为人淳厚纯朴，也是秉承母亲教育的缘故。[①] 1937年，四十岁的丰子恺应中国文化馆之约，写了《我的母亲》一文，文章以饱满的真情回忆了母亲勤劳而俭朴的一生。丰子恺以母亲在家里的座位和坐姿贯穿全篇，写了母亲承担严父慈母的双重责任，表达了母子真情。文中说：

　　我三十三岁时，母亲逝世。我家老屋的西北角里的八仙椅子上，从此

---

① 盛兴军主编：《丰子恺年谱》，青岛出版社，2005年9月出版，第52页。

不再有我母亲坐着了。然而我每逢看见这只椅子的时候，脑际一定浮出母亲的坐像——眼睛里发出严肃的光辉，口角上表出慈爱的笑容。她是我的母亲，同时又是我的父亲。她以一身任严父兼慈母之职而训诲我抚养我，我从呱呱坠地的时候直到三十三岁，不，直到现在。陶渊明诗云："昔闻长者言，掩耳每不喜。"我也犯这个毛病。我曾经全部接受了母亲的慈爱，但不会全部接受她的训诲。所以现在我每次想象中瞻望母亲的坐像，对于她口角上的慈爱的笑容觉得十分感谢，对于她眼睛里的严肃的光辉，觉得十分恐惧。这光辉每次给我以深刻的警惕和有力的勉励。[1]

丰子恺的母亲并不识字，但谁又能否定他的母亲对丰子恺的训诲不是家训呢。

丰子恺像他的父母亲一样，也儿女众多，一共生了7个孩子。丰子恺对子女的教育很重视。如1960年12月16日，丰子恺写信给小儿子丰新枚，专门向儿子谈到学习外文及务虚与务实关系问题。

你有时间学外文，甚好。但勿妨碍务虚。今日中国，譬如造屋，现在正在筑基地，打夯，需要有大力之人平地，而暂不需要造屋、筑墙、制门窗、制木器、乃至作壁上书画装饰纸人才。所以"务实"暂不被重视。但基地筑成后，需造屋时，自然需要上述人才也。此喻甚切，可再三思之。[2]

在这封信中，丰子恺以造屋为比喻，教育儿子在学习知识的过程中，

---

[1] 丰陈宝、杨子耘编：《丰子恺随笔精粹》，上海古籍出版社，2004年4月出版，第131页。

[2] 引自盛兴军主编：《丰子恺年谱》，青岛出版社，2005年9月出版，第499页。

懂得"务实"和"务虚"的辩证关系。鼓励他抽出时间学习外文。

　　丰新枚于1964年毕业于天津大学,后分配在上海科技大学外语系进修。1966年毕业时适逢"文革",遂在家等候分配,后被分配至河北石家庄制药厂当工人。1967年12月,丰新枚与在天津工作的沈纶结婚,但儿子新婚之夜,丰子恺被造反派揪到离家很远的虹口区去开批斗大会,晚上九点多钟冒雨而归。他把揣在怀里陪他一起参加批斗的一对小镜子分送给新郎新娘,并即席赋诗一首,中有诗句:"月黑灯弥皎,风狂草自香。"勉励儿子、儿媳不要被眼前的月黑风狂吓倒。婚后,沈纶即回天津,新枚又在父亲身边陪伴了几个月,于1968年4月,离开上海,赴石家庄。对于儿子成婚后到石家庄工作,丰子恺感慨良多,就写了《送新枚赴石家庄》一诗,诗中说:

> 结缡才四旬,忽作分飞鸟。
>
> 幸汝犹未去,伴我数昏晓。
>
> 我身婴时艰,披星从公早。
>
> 日暮登归车,翘盼家门道。
>
> 喜汝倚闾望,相见先问好。
>
> 扶老入我室,披襟散烦恼。
>
> 把酒话沧桑,熏烟助欢笑。
>
> 此景不可常,分携期将到。
>
> 愿汝赴前程,琴瑟早协调。
>
> 但得团圆乐,频将好事报。
>
> 我有养生术,七十如年少。
>
> 汝今入世途,万事心欲小。
>
> 胸襟须宽广,达观以为宝。
>
> 诗中多乐地,醉乡不知老。

> 同心而离居,千金躯善保。

> 他日重相见,先把孙儿抱。①

丰子恺写这首诗的时候,文化大革命正进入疯狂时期,新枚远赴石家庄,不能不说受到父亲"反动艺术权威"的影响。就在丰新枚离沪赴石前一个月,文革小组组织的"狂妄大队"冲击上海画院,丰子恺备受侮辱。因此,丰子恺写这首诗心情很复杂。在诗中,他写到新枚在家数月对他的照顾,同时希望儿子儿媳琴瑟和谐。又叮嘱儿子"汝今入世途,万事心欲小",即让儿子小心谨慎处世。又鼓励儿子一定要乐观,"胸襟须宽广,达观以为宝"。作为一位精神和肉体频受折磨的父亲,在诗中还要鼓励儿子胸襟宽广,正确对待人生逆境。这种以诗代家训,本身就具特色,再加上处于这样一个黑白颠倒的年代,其价值也就更加珍贵了。

丰子恺对家中的第三代,要求很严格。1959年8月29日,他写信给外孙、次女丰宛音的儿子宋菲君。信中说:

> 一个人越聪明,应该越是谦虚,越是守规则。列宁小时候,在学校里成绩最好,但他绝不看轻同学。他常常早半小时到学校,用这时间来帮助同学补习数学。上课的时候,他最做得端正,最守规则。我们都要向他看齐。我喜欢快乐,所以有时到杭州,有时到苏州,偶时星期天去游玩,吃东西。但同时又喜欢做个守规则的好人:在社会上不犯法,热心公众事业;在学校里不犯校规,热心团体事业。这样,游玩的时候更加开心。你常常跟我去游玩,同时也要常常做守规则的好孩子,不然别人看来,外公教坏了你。……一个人,行为第一,学问第二。倘使行为不好,学问好杀也没

---

① 引自盛兴军主编:《丰子恺年谱》,青岛出版社,2005年9月出版,第527—528页。

* 合家欢（1957年）。前排坐者左起徐力民、丰满、丰子恺，站者左起次女宛音、幼女一吟、幼子新枚、长子华瞻、次子元草、三女宁馨、长女陈宝。

有用。……反之，行为好，即使学问差些，也仍是个好人。所以你在初中期间，特别要注意自己的行为，其次注意学问。 ①

当时丰子恺已经58岁了，外孙宋菲君尚在读初中。但丰子恺很认真地写了这封信。在信中，丰子恺对外孙提了两点忠告，即一要谦虚，二要守规则，其实这也是对外孙在这两个问题上提出批评。他举了列宁守学校规则的事例，同时也表示自己喜欢做一个守规则的好人。在信中，丰子恺向外孙提出了他评价做人的原则：行为第一，学问第二。可见丰子恺是非常注重孩子品行修养与教育的。

丰子恺在对外孙做人提出严格要求的同时，非常关心他的文化知识学习。1960年8月11日，63岁的丰子恺写信给宋菲君，认真地替外孙改诗，并谈了他对写旧体诗的看法。丰子恺说："做旧诗是好的，但我们只能学古人的文体'格式'，不可学古人的'思想'（例如隐居、纵酒、颓废、多愁、悲观等，都不可学）。毛主席也做旧诗，但思想是全新的。你以后倘有空做旧诗，也要如此。"② 在一个家庭里，长辈对晚辈的教训，一是在做人的品行上，二是在知识的传授方面。从丰子恺给外孙的两封信中可以看出，他对外孙无论在做人还是文化知识的传授，都是严格要求和关心备至的。

丰子恺对子女要求严格，但又非常注意满足子女的兴趣和爱好。他最小的女儿丰一吟，是个京剧迷，也喜欢追星——崇拜京剧大师梅兰芳。丰子恺在这个问题上，显示出慈父的一面。1945年7月，全家避居成都时，丰子恺写下《寄一吟》诗一首，诗中写道：

---

① 引自盛兴军：《丰子恺年谱》，青岛出版社，2005年9月出版，第473页。
② 引自上书，第497页。

最小偏怜胜谢娘，丹青歌舞学成双。

手描金碧和渲淡，心在西皮合二黄。

刻意学成梅博士，投胎愿做马连良。

藤床笑倚初开口，不是苏三即四郎。①

诗中写出小女丰一吟对京剧喜欢的程度。到了1948年4月，清明过后，丰子恺携女儿丰陈宝、丰一吟在上海观看了梅兰芳的演出，并带着她们拜访了梅兰芳。5月，又带着陈宝、一吟参观夏声平剧（即京剧——著者注）学校，还写下《参观夏声平剧学校》发表在《申报·自由谈》。了解和支持孩子的兴趣爱好，并以适当的方式给予帮助和引导，这同样是家训的重要组成部分，丰子恺在这方面为我们提供了范例。

说到丰子恺的家训，有一件事不能不提，也是上海名人家训中很奇特的一例，即丰子恺与诸儿"约法"。那是在1947年12月，丰子恺在杭州的"湖畔小屋"里度过50寿诞。他回顾自己4女3男7个孩子，大半已独立成人，他觉得自己已尽到父责，儿女们今后应该独立地去走自己的道路。于是，他和子女立下一纸"约法"。全文为：

年逾五十，齿落发白，家无恒产，人无恒寿，自今日起，与诸儿约法如下：

（一）父母供给子女，至大学毕业为止。放弃者作为受得论。大学毕业之后，子女各自独立生活，并无供养父母之义务，父母亦更无供给子女之义务。

（二）大学毕业后倘能考取官费留学或近于官费之自费留学，父母仍

---

① 引自盛兴军：《丰子恺年谱》，青岛出版社，2005年9月出版，第402页。

供给其不足之费用，至返国为止。

（三）子女婚嫁，一切自主自理，父母无代谋之义务。

（四）子女独立之后，生活有余而供养父母，或父母生活有余而供给子女，皆属友谊性质，绝非义务。

（五）子女独立之后，以与父母分居为原则。双方同意而同居者，皆属邻谊性质，绝非义务。

（六）父母双亡后，倘有遗产，除父母遗嘱指定者外，由子女平分受得。

1947年12月于杭州[①]

---

① 丰一吟：《我的父亲丰子恺》，团结出版社，2007年出版，第212—213页。

　　从这份"约法"可以看出，丰子恺的思想观念是很超前的。在中国的传统观念中，养儿防老是天经地义的，但丰子恺却明确向儿女提出，子女大学毕业后，须各自独立生活，并无供养父母之义务。同理，"父母亦更无供给子女之义务"。以此条揆之今天社会那么多"啃老族"，其中有的是子女赖在家里"啃"，有的是做父母的心甘情愿地让子女"啃"，不能不佩服60多年之前的丰子恺见识的深邃和高远。丰子恺订立此条规定，并非表示他对子女无情，他对子女的读书求学、要求上进依然给予全力支持，"约法"规定，子女读大学、官费出国留学、自费出国留学，父母都愿意供给其不足之费用。另一方面，对子女的婚嫁，"约法"主张一切自主自理，父母无代谋之义务；子女独立之后，与父母分居等，所有规定，都可看出丰子恺思想见解的正确。这份"约法"，看似无情却有情，充分体现了丰子恺夫妇及丰家所具有的独立、平等观念。不把子女当做自己的私有财产,既不向儿女索取回报,也不为儿女安排所谓的舒适的生活,让儿女们走自己该走的路。这是上海名人家训中最具有民主、平等光芒的一页。

丰子恺的孩子,尽管随着父亲历尽风霜坎坷,但他们都在不同的岗位上发展得很好。1970年2月,73岁的丰子恺在上海生病住院,他作了《病中口占》一诗,诗中写道:"风风雨雨忆前尘,七十年来剩余生。满眼儿孙皆俊秀,未须寂寞养残生。"[①] "满眼儿孙皆俊秀"一句,正是丰子恺家训成果的最好总结。

5. 陈伯吹家训

陈伯吹(1906—1997),中国儿童文学作家,江苏宝山(今属上海市)人。早年曾任小学教员。大夏大学高等师范科肄业。1927年创作了第一部儿童文学作品《学校生活记》。1930年受聘于北新书局,任《小学生》半月刊主编,并编辑《小朋友丛书》。九一八事变后写了不少以抗日为题材,反映爱国热忱的童话。1934年任儿童书局编辑部主任,负责编辑《儿童杂志》。抗日战争期间,曾任职于北碚编译馆。抗战胜利后在上海参与发起组织儿童文学工作者联谊会,并任中华书局编辑,主编《小朋友》和儿童文学丛书。建国后历任华东师范大学、北京师范大学教授,中华书局、人民教育出版社编审,少年儿童出版社副社长,中国作协理事、中国作家协会上海分会书记处书记、副主席,全国政协委员。中国民主同盟盟员。1983年加入中国共产党。著有儿

---

① 引自盛兴军:《丰子恺年谱》,青岛出版社,2005年9月出版,第535页。

童文学作品《学校生活记》、《阿丽思小姐》、《波洛乔少爷》、《一只想飞的猫》等,另有译作多种。

陈伯吹的儿子陈佳洱,是著名物理学家,中国科学院院士,第三世界科学院院士,曾担任过北京大学校长。一个文学家,培养的孩子成为一个物理学家。陈佳洱自己觉得,这完全得益于父亲陈伯吹的引导、教育和启发。可以说,父亲是陈佳洱走上科学之路的引路人。

陈伯吹对陈佳洱的影响,首先是家里满屋子的书。在充满着书香的家庭里,陈佳洱最早接触的是画报类的书,有点类似现在的连环画,线装、硬皮,使当时只有六七岁的陈佳洱拿在手里不舍得放下。什么叫耳濡目染,什么叫环境熏陶,从陈伯吹书房对陈佳洱的影响就可以找出正确的答案。

其次是向陈佳洱普及讲解科学知识,大手牵小手,陈伯吹将儿子一步一步领向科学殿堂。据陈佳洱回忆,父亲给他留下印象最深的,是言传身教。父亲虽是一位作家,但他对科学特别热爱。陈伯吹曾对陈佳洱说过,他的愿望是做一个数学家,但因无钱读书,便读了师范,后来当小学教师和小学校长,渐渐走上创作之路。父亲的这番话,表现出来对科学的热爱,如细雨润田,催生了埋藏在陈佳洱心田中的科学种子。

在陈佳洱很小的时候,父亲总是一个人在书房中写作。有一天,陈佳洱溜进书房,不想正遇到雷雨天气的电闪雷鸣,一下子吓哭了。陈伯吹赶紧搂着儿子,一边安慰陈佳洱,一边问他,为什么会打雷。陈佳洱就以从邻居老奶奶那里听来的什么"雷神公公要劈不孝之人"一类话来回答。陈伯吹当时不先给儿子说出这种说法不对,而是很耐心地给儿子讲解打雷是云层里的阴电和阳电碰撞的结果,启发他从科学的角度来正确认识自然现象。

在陈佳洱的记忆中，印象很深的一次是父亲给他讲"静电"。父亲将一块玻璃板架在两摞书上，让母亲剪了一些小纸人，放在下面，并用一块绸布包了一块积木，在玻璃板上快速摩擦起来。由于静电，那些小纸人便在玻璃下跳起"舞"来。同样是讲静电知识，陈伯吹通过这种简单而又有趣的实验，使孩提时代的陈佳洱对静电自然现象一下子有了具体而又真切的认识。陈伯吹这种教育方式，无疑要比单纯的解说生动有效得多。

陈伯吹对陈佳洱的"庭训"，还包括常带儿子去看有关科学家传记的电影。陈佳洱上中学是住读的，当电影《发明大王爱迪生》在上海公映时，陈伯吹专门赶到学校，将陈佳洱接出学校去到电影院看这部电影。《居里夫人》上映时，一天下大雨，但陈伯吹还是准时赶到学校接陈佳洱看这部电影。陈佳洱记得很清楚，看完电影后，父亲对他说，你要像居里夫人那样，能够有所发现，能够对社会做一些大的贡献，就很好了。看完电影以后，陈佳洱马上从父亲的书架上找来了居里夫人女儿写的传记《居里夫人》，读后感觉写得棒极了。

陈伯吹的家训，其实没有多少"训"的成分，更多的是启发、引导、言传和身教，然而这同样是一种家训方式。陈佳洱就是在这样具有特色的家训中成长、发展，最终成为一个科学家。

6. 傅雷家训

傅雷（1908—1966），中国文学翻译家、文艺评论家。字怒安，号怒庵，江苏南汇（今属上海市）人。1925年在上海大同大学附中求学期间曾发表小说。1926年入上海持志大学。1927年赴法国留学，1931年回国，在上海美术专科学校任教，并开始翻译法国作品。1934年与人合办《时事汇报》、任总编辑。1935年曾任南京中央古物保管委员会审编科科长。从1940年起一直从事外国文学译著工作。抗战胜利后参与筹组中国民主促进会。建国后，任上海市政协委员、中国作协上海分会书记处书记等职。一生翻译外国文学作品30余部，对巴尔扎克的研究尤深，被法国巴尔扎克研究协会吸收为会员。他译有巴尔扎克长篇小说十四部，罗曼·罗兰传记文学《贝多芬传》等三部和《约翰·克利斯朵夫》、梅里美《嘉尔曼》、泰纳《艺术哲学》等，他的译文传神，行文细腻流畅，并著有《傅雷译文集》行世。傅雷先生为人坦荡，禀性刚毅，"文革"之初即受迫害，于1966年9月3日凌晨，与夫人朱梅馥双双愤而弃世。1979年4月26日，上海市文联主持傅雷、朱梅馥追悼会，为傅雷夫妇平反昭雪。

傅雷家训集中体现在《傅雷家书》中。

《傅雷家书》是傅雷及朱梅馥写给大儿子傅聪及次子傅敏的家信。

*傅雷（1908—1966）

原由三联书店出版。为纪念傅雷诞辰98周年、朱梅馥诞辰90周年，在出版《傅雷全集》的同时，重编了《傅雷家书》，并由辽宁教育出版社于2004年7月正式出版。全书选编了家信二百通，其中傅雷写的信161通，朱梅馥写的信39通。中文信分别为138通和38通，其余为英法文信，由香港中文大学金圣华教授翻译。原三联版的《傅雷家书》，以傅雷先生的挚友、著名翻译家楼适夷的《读家书，想傅雷》作为代序，新版《傅雷家书》仍以楼适夷先生文章为代序。

在近现代上海，乃至在中国，傅雷家书都是家训文化的代表作。家信既传承着中国家训文化的传统，又充满着时代的气息。加之傅雷先生本身是文学大家，感情真挚，行文流畅，使我们在读这些家训的时候，既感受到父辈对子女的挚爱和期望，又是文学上的一种陶冶和享受。

傅雷的长子傅聪，生于1934年，是中国当代杰出的钢琴家，音乐家。1954年，傅聪应波兰政府邀请，参加第五届肖邦国际钢琴比赛并留学波兰。新版《傅雷家书》所收的第一封家信就是从1954年1月17日，全家在上海火车站送傅聪去北京准备出国后的第二天，即1月18日开始的，一直到1966年的8月12日。在家书中，傅雷夫妇不仅和儿子谈音乐、谈艺术，更是谈品德砥砺、爱国主义、加强学习、如何做人、正确处理人际关系以及如何对待恋爱、婚姻、家庭。归结起来，主要有以下几个方面：

关于做人

① 培养意志和人格

在傅聪赴京准备出国前，上海音乐协会曾在上海市第三女子中学礼堂为傅聪举办告别音乐会，音乐会前，由上海音协主席贺绿汀正式宣布傅聪应邀波兰参加比赛和留学事宜。第二天，也就是1954年2月1日晚上七点一刻，电台播放了傅聪在这次音乐会上的演出。傅雷于第二天（2月2日）即提笔

给傅聪写信,在信中,除了表达由衷的高兴,向儿子表示祝贺以外,还写着:

回想五一年四月刚从昆明回沪的时期,你真是从低洼中到了半山腰了。希望你从此注意整个的修养,将来一定能攀登峰顶。从你的录音中清清楚楚感觉到你一切都成熟多了,尤其是我盼望了多少年的——你的意志,终于抬头了。我真高兴,这一点我看得比什么都重。你能掌握整个的乐曲,就是对艺术加强深度,也就是你的艺术灵魂更坚强更广阔,也就是你整个的人格和心胸扩大了。①

儿子在钢琴艺术上取得成就,做父亲的固然高兴,但傅雷旋即将信的重点转为"你的意志,终于抬头了",而且他表达了,"这一点我看得比什么都重"。可以看出,傅雷对儿子意志和人格培养的重视。

② 谨慎谦虚

针对儿子年纪那么轻就在艺术上声名鹊起,傅雷写信告诫傅聪:

少年得志,更要想到"盛名之下,其实难副",更要战战兢兢,不负国人对你的期望。你对政府的感激,只有用行动来表现才算是真正的感激!②

傅雷的这段话,对傅聪是一种及时的提醒,也可看出傅雷对儿子的要求是相当严格的。

③ 真诚

对于儿子的发展,傅雷提出了一个"真诚"原则,他说:

---

① 傅敏编:《傅雷家书》,辽宁教育出版社,2004年7月出版,第25页。
② 同上书,第30页。

　　大多数从事艺术的人，缺少真诚。因为不够真诚，一切都在嘴里随便说说，当作唬人的幌子，装自己的门面，实际只是拾人牙慧，并非真有所感。所以他们对作家决不能深入体会，先是对自己就没有深入分析过。这个意思，克利斯朵夫（在第二册内）也好像说过的。

　　真诚是第一把艺术的钥匙。知之为知之，不知为不知。真诚的"不懂"，比不真诚的"懂"，还叫人好受些。最可厌的莫如自以为是，自作解人。有了真诚，才会有虚心，有了虚心，才肯丢开自己去了解别人，也才能放下虚伪的自尊心去了解自己。建筑在了解自己了解别人上面的爱，才不是盲目的爱。

　　而真诚是需要长时期从小培养的。社会上，家庭里，太多的教训使我们不敢真诚，真诚是需要很大的勇气作后盾的。所以做艺术家先要学做人。艺术家一定要比别人更真诚，更敏感，更虚心，更勇敢，更坚忍，总而言之，要比任何人都 less imperfect（较少不完美之处）！①

④ 处理好人际关系

对于儿子在人际关系处理上，傅雷也提出了自己的看法。如针对有人认为傅聪骄傲一事，傅雷向儿子提出：

说到骄傲，我细细分析之下，觉得你对人不够圆通固然是一个原因，人家见了你有自卑感也是一个原因；而你有时说话太直更是一个主要原因。例如你初见恩德，听了她弹琴，你说她简直不知所云。这说话方式当然有问题。倘能细细分析她的毛病，而不先用大帽子当头一压，听的人不是更好受些吗？有一夜快十点多了，你还要练琴，她劝你明天再练，你回答说：像你那样，我还会有成绩吗？对付人家的好意，用反批评的方法，自然不行。妈妈要你加衣，要你吃肉，你也常用这一类口吻，你惯了，不觉得，但恩德究竟不是亲姐妹，便是亲姐妹，有时也吃不消。这些毛病，我自己也常犯，但愿与你共勉之！从这些小事情上推而广之，你我无意之间伤害人的事一定不大少，也难怪别人都说我们骄傲了。②

在这封信中，傅雷不但指出儿子傅聪在人际交往当中存在的问题，分析了问题产生的原因，还教导他正确的人际交往方式。同时，由儿子的问题，又反省到自己在家庭教育方面存在的问题。更可贵的是，傅雷从儿子的骄傲，也坦率地承认"这些毛病，我自己也常犯"，因此，作为父亲，不是

① 傅敏编：《傅雷家书》，辽宁教育出版社，2004年7月出版，第129页。
② 同上书，第150页。

一味地批评训斥儿子，而是提出"但愿与你共勉之"，更是反思到父子的骄傲，可能"无意之间伤害人的事一定不太少"。父亲的平等、真诚和坦率一定会对傅聪产生震撼。

同样的话，傅聪的母亲朱梅馥也对儿子说起过：

……可知一个成了名的艺术家，处处要当心，无意中得罪了人，自己还不知道呢！我现在顺便告诉你，就是要你以后做人，好好提高警惕，待人千万和气，也不要乱批评人家，病从口入，祸从口出，这几句话要牢牢记住。因为不了解你的人，常常会误会你骄傲自大，无缘无故的招来了敌人。你这次经过了一番思想批判，受到了莫大的教育，以后千万要在行动上留意，要痛改前非。思想没有成熟的，不要先讲，谨慎小心是不会错的。①

知子莫如父。对于儿子的缺点，傅雷夫妇是看得很清楚的，在这个问题上，尤其是对待已经成名的孩子，通常有两种态度，一种是听之任之，甚至也不以为缺点。另一种就像傅雷夫妇那样，向儿子坦率提出，批评之，教育之，指点之。从父母的信中可以看出，傅聪是很为自己人际关系处理上的问题而烦恼的，也主动向父母袒露心扉，主动接受批评和教育。

关于学习

傅聪在国外，对自己的艺术要求很严，训练学习都很自觉、刻苦。对这些，傅聪夫妇是非常放心的。但傅雷夫妇认为，一个好的艺术家，除了在艺术上过硬以外，还要加强其他知识的学习，加强理论学习。为此，傅雷在家书中多次告诫傅聪，在艺事之外，要多学习，从而开阔自己的视野，提高自己的修养。傅雷以自己的"原则"告诫儿子：

---

① 傅敏编：《傅雷家书》，辽宁教育出版社，2004年7月出版，第163页。

① 学问第一,艺术第一,真理第一

另外一点我可以告诉你:就是我一生任何时期,闹恋爱最热烈的时候,也没有忘却对学问的忠诚。学问第一,艺术第一,真理第一,爱情第二,这是我至此为止没有变过的原则。①

② 学理论

……"毛选"中的《实践论》及《矛盾论》,可以看看,可多看看,这是一切理论的根底。此次寄你的书中,一部分是纯理论,可以帮助你对马列主义及辩证法有深切了解。为了加强你的理智和分析能力,帮助你头脑冷静,彻底搞通马列及辩证法是一条极好的路。我本来富于科学精神,看这一类书觉得很容易体会,也很有兴趣,因为事实上我做人的作风一向就是如此的。你感情重,理智弱,意志尤其弱,亟须从这方面多下功夫。否则你将来回国以后,什么事都要格外赶不上的。②

以上是一对艺术父子在讨论纯理论的问题,这是让人感到很新鲜的。傅雷要远在国外的钢琴家儿子学理论,认为"为了加强你的理智和分析能力,帮助你头脑冷静,彻底搞通马列及辩证法是一条极好的路",这是富有创见的。为了使傅聪明白学习理论的重要性和必要性,傅雷还于十天以后,又给傅聪写了一封专谈理论学习的长信,一口气向儿子说了他学习理论的六大感想,并对儿子说:"马列主义绝对不枯燥,而是非

---

① 傅敏编:《傅雷家书》,辽宁教育出版社,2004年7月出版,第30页。
② 同上书,第106页。

常生动、活泼、有趣的，并且能时时刻刻帮助我们解决或大或小的问题的——从身边琐事到做学问，从日常生活到分析国家大事，没有一处地方用不到。"①

关于恋爱、婚姻、家庭。

1954年，傅聪已经过20岁了，做父母的不得不关心孩子的婚恋大事。在这一年的3月，傅聪写信告诉儿子，自己做人的"原则"是"学问第一，艺术第一，真理第一，爱情第二"，明确对儿子提出，在学问、艺术和追求真理方面，爱情是居于次席的。到了8月，傅雷觉得必须正面向在异国他乡的儿子讨论恋爱这个话题了。他说：

我不得不再提醒你一句：尽量控制你的感情，把它移到艺术中去。你周围美好的天使太多了，我怕你又要把持不住。你别忘了，你自誓要做几年清教徒的，在男女之爱方面要过几年僧侣生活，禁欲生活的！这一点千万要提醒自己！时时刻刻防自己！一切都要醒悟得早，收篷收得早；不要让自己的热情升高之后再去压制，那时痛苦更多，而且收效也少。亲爱的孩子，无论如何你要在这方面听从我的忠告！爸爸妈妈最不放心的不过是这些。②

看傅雷这些信，使人很容易感觉到这个做父亲的大有封建卫道士兼冬烘先生的味道，也是一个程朱式的道学家。其实在傅雷的内心深处，是希望儿子不要因过早地陷入情网而荒废学业，影响艺术进步。他认为儿子少年得志，"更要战战兢兢，不负国人对你的期望"，他还告诫儿子，"你

---

① 傅敏编：《傅雷家书》，辽宁教育出版社，2004年7月出版，第111—112页。
② 同上书，第43页。

对政府的感激,只有用行动来表现才算是真正的感激!"在傅雷看来,国家将儿子送出国留学,儿子必须以感恩之心抓紧一切时间刻苦学习。因此,他对儿子说:

> 我想你心目中的上帝一定也是 Bach(巴赫)、Beethoven(贝多芬)、Chopin(萧邦)等等第一,爱人第二。既然如此,你目前所能支配的精力与时间,只能贡献给你第一个偶像,还轮不到第二个神明。你说是不是?①

父亲的话,看起来有些专横不讲理,并有干涉儿子恋爱之嫌,但仔细读这封信,从字里行间不难看出傅雷的苦心孤诣,希望儿子学成报国的拳拳之心。

1960年8月28日,傅雷夫妇接到了傅聪从英国伦敦写来的信,知道儿子已同 Zamira 结婚。这一喜讯,使傅雷夫妇信中说不出的欢喜和兴奋。傅雷随即给儿子写信,对婚后的傅聪提出了新的要求:

> 对终身伴侣的要求,正如对人生一切的要求一样不能太苛。事情总有正反两面:追得你太迫切了,你觉得负担重。追得不紧了,又觉得不够热烈。温柔的人有时会显得懦弱,刚强了又近于专制。幻想多了未免不切实际,能干的管家太太又觉得俗气。只有长处而没有短处的人在哪儿呢?世界上究竟有没有十全十美的人或事物呢?抚躬自问,自己又完美到什么程度呢?这一类的问题想必你考虑过不止一次。我觉得最主要的还是本质的善良,天性的温厚,开阔的胸襟。有了这三样,其他都可以逐渐培养;而且有了这三样,将来即使遇到大大小小的风波也不致变成悲剧。做艺术家的妻子比做任何人的妻子都难;你要不预先明白这一点,即使你知道"责人

---

① 傅敏编:《傅雷家书》,辽宁教育出版社,2004年7月出版,第30页。

太严,责己太宽",也不容易学会明哲、体贴、容忍。只要能代你解决生活琐事,同时对你的事业感到兴趣就行,对学问的钻研等等暂时不必期望过奢,还得看你们婚后的生活如何。眼前双方先学习相互的尊重、谅解、宽容。①

　　在这封信中,傅雷和儿子讨论了有关婚姻的几个问题。一是对终身伴侣的要求,不能过于苛刻,不要求全责备,只要"本质善良,天性温厚,胸襟开阔"就可以了。第二,希望儿子本身学会明哲、体贴、容忍,因为"做艺术家的妻子比做任何人的妻子都难"。第三,希望儿子和媳妇之间,要相互的尊重、谅解、宽容。

　　在这封信的最后,傅雷谆谆教导儿子:"希望你更加用严肃的态度对待一切,尤其是要对婚后的责任先培养一种忠诚、庄严、虔敬的心情!"②应该说,傅雷在信中表达出来的恋爱、婚姻观是正确的,对儿子的要求也是严格的,这有助于儿子在婚后避免出现"责人太严,责己太宽"的问题,正确对待妻子,使小夫妻生活和谐美满。在这里,一点都看不出傅雷的卫道士形象,而是对儿子的新婚充满祝福,对儿子将来小家庭生活充满期望和慈父形象。

　　前文提到,无论是旧版的还是新版的《傅雷家书》,都是以楼适夷的《读家书,想傅雷》作为"代序"。楼适夷先生在"代序"中,对傅雷的家书、对傅雷教子方法都说了自己的看法,他的看法有助于我们更好地了解和理解傅雷的家训。

　　楼适夷认为:

---

① 傅敏编:《傅雷家书》,辽宁教育出版社,2004年7月出版,第183—184页。
② 同上书,第185页。

这是一部最好的艺术学徒修养读物，这也是一部充满着父爱的苦心孤诣、呕心沥血的教子篇。……在他给傅聪的家书中，我们可以看出他在音乐方面的学养与深入的探索。他自己没有从事过音乐实践，但他对于一位音乐家在艺术生活中所遭到的心灵的历程，是体会得多么细致，多么深刻。儿子在数万里之外，正准备一场重要的演奏，爸爸却好似对即将赴考的身边的孩子一般，殷切地注视着他的每一次心脏的律动，设身处地预想他在要走去的道路上会遇到的各种可能的情景，并替他设计应该如何对待。因此，在这儿所透露的，不仅仅是傅雷对艺术的高深的造诣，而是一颗更崇高的父亲的心，和一位有所成就的艺术家，在走向成材的道路中，所受过的陶冶与教养，在他才智技艺中所积累的成因。①

楼适夷先生从20世纪四十年代初与傅雷在上海初识，并成为傅雷家的常客，他亲眼目睹了傅雷对傅聪、傅敏两个孩子的教育。他认为：

有的人对幼童的教育，主张任其自然而因势利导，像傅雷那样的严格施教，我总觉得是有些"残酷"。但是大器之成，有待雕琢，在傅聪的长大成材的道路上，我看到作为父亲的傅雷所灌注的心血。在身边的幼稚时代是这样，在身处两地、形同隔世的情势下，也还是这样。在这些书信中，我们不是看到傅雷为儿子呕心沥血所留下的斑斑血痕吗？②

从2002年起，旅居英国的傅聪先生，每年都会来上海音乐学院以"大师课程"的名义讲学两个月。2009年的秋天，已75岁高龄的这位著

---

① 傅敏编：《傅雷家书》，辽宁教育出版社，2004年7月出版，第5页。
② 同上书，第7页。

名的钢琴家，在接受《文汇报》记者采访时，还深情地回忆起父亲傅雷"庭训"：

> 父亲一直教导我说，与其做一个二流三流的艺术家骗人，还不如做个老老实实的木匠。我自己更是从未做过一夜成名的明星梦。直到我在国际比赛上拿了奖，开始在欧洲到处开音乐会，父亲还一直都是战战兢兢的，要我别开太多的音乐会，甚至不要一直埋头练琴，宁可我多去森林里散步思考、去博物馆和美术馆吸收营养……①

从傅聪的这番话可以让我们感到傅雷家书不仅仅是写给儿子的，也是写给千千万万个正在成长、正在憧憬美好未来的年轻人的。

---

① 《文汇报》2009年11月11日。

跋

近来十分流行"创意"二字,如美术创意、建筑创意、文学创意等等,因其名目繁多而目不暇接,又因大多陌生而超然处之。但上海大学海派文化研究中心主任李伦新同志提出编辑《海派文化丛书》的创意使人精神一振,耳目一新,对我们从事文化工作的人来讲,正是思之无绪的良策,事之无措的善举。

此创意特色有三:

一是纵横驰骋,自成体系。该系列丛书将由海派书画、海派戏剧、海派建筑、海派文学、海派电影等方面近三十本书组成,基本囊括了能反映海派文化的各个领域,其中6本书将在2007年8月的上海书展上面世。此后每年出版7至8本,争取在2010年出齐,向世博会献礼。

二是叙述简洁,形式新颖。上海,不管你是否喜欢,它在近两百年内迅速发展成为一个国际大都市,并在中国占有重要地位的事实是无可置疑的。因此,上海是一个世人瞩目的、值得研究的、又众说纷纭的一个课题。论述上海、反映上海的书籍纷繁浩瀚,它们各有见解,各具特色,拥有各自的读者。有的是学术性的,史料翔实,论证严密,但曲高和寡;有的是文学性的,情节曲折,故事生动,但内中难免掺杂作者个人的情感,而有失公允;有的是纪实性的,历史掌故和人间悲欢离合尽收其中,但珠玑散落,难于荟萃。丛书力图博采众长,"合三为一",以纪实为主,兼顾史料的真实和文字的优美,并采用图文并茂的编辑方法,使之成为一套新颖的研究上海、介绍上海的书籍。

三是内容丰富,面向大众。丛书对海派文化的各个领域,诸如:戏剧、书画、建筑、文学、风俗等,既有宏观的研究与阐述,又有具体的描绘与剖析,向读者展示了一幅绚丽多彩的海派文化起源、发展、形成、深化的历史长卷,令人信服地得出这样的结论:海派文化造就了被誉为"东方巴黎"和"东方明珠"的上海,形成了"海纳百川"、"精明求实"、"宽容趋新"等上海人的社会人格。丛书既是研究上海的学术著作,又是介绍上海的通俗读物,具有书柜藏书和案头工具书的双重功能。

上海市对外文化交流协会是进行中外文化交流的专门机构,以弘扬优秀传统文化和汲取世界先进文化为己任。协会成立20年正是上海改革开放取得辉煌成就的20年。协会乘势而为,解放思想,开拓进取,积极拓展外联渠道,构筑中外交流的平台,广泛开展国际的社会科学、金融经济、科学技术、文化艺术交流,增进同世界各国人民的友谊和理解,成为上海的一个有影响的中外文化交流的窗口。我们在获悉丛书的编辑思想和出版计划时,就感到双方是心心相印的,所以决定对丛书出版给予经济上的支持。我们认为此举是对建设上海文化事业的支持,是对弘扬民族文化的支持,也是对自身工作的支持。

因为工作的缘故,经常有外国朋友赠送一些介绍他们的国家或城市的书籍。这些书籍装帧精美,内容言简意赅,形式图文并茂。由此联想,在丛书中选择若干本或若干章节翻译,汇编成书,那也是一种十分可取的介绍上海和宣传上海的内容和形式,特别对于将在2010年举办世博会的上海来说尤为如此。

本丛书的出版已引起有关单位的重视和关注。文汇出版社已将本丛书列为2007年出版计划中的重点书,并配备了业务能力强的文字和美术编辑;外宣部门认为这套丛书是很好的外宣资料,是世博会的一个很好的配套工程;有的图书馆反映查阅上海资料的读者日渐趋盛,这套丛书的出版适逢其时,将为读者提供更多的方便。

还必须强调的是丛书的编辑和出版也得到了作者的大力支持。去年年底,编委会召开部分作者参加的笔会,其中不乏畅销书的作家,编委会对他们提出了创作要求和交稿时限。尽管要求高、时间紧，但是作者均积极配合，投入创作，为第一批丛书在2007年8月的书展上与读者见面创造了条件。为此，有的延误了申报高级职称的机会，有的推迟了其他的创作计划，有的不厌其烦数易其稿。

天时、地利、人和似乎都护佑着丛书的面世。丛书是时代的产物，是集体智慧的结晶。

2007年7月

（本文作者为上海市对外文化交流协会副会长兼秘书长）

参考书目

1. 白吉庵：《胡适传》，红旗出版社2009年版

2. 毕诚：《中国古代家庭教育》，商务印书馆2008年版

3. 成晓军：《帝王将相家训》，重庆出版社2008年版

4. 成晓军主编：《慈母家训》，重庆出版社2008年版

5. 成晓军：《曾国藩家族》，重庆出版社2008年版

6. 《陈赓传》编写组：《陈赓传》，当代中国出版社2007年版

7. 崔志海：《梁启超自述》，河南人民出版社2004年版

8. 崔志海：《蔡元培传》，红旗出版社2009年版

9. 陈文源、胡申生：《荣德生和他的事业史料图片集》，上海古籍出版社 2006年版

10. 陈永忠：《革命哲人——章太炎传》，浙江人民出版社2008年版

11. 陈铁健：《瞿秋白传》，红旗出版社2009年版

12. 陈桂芬、周中仁、戴启儒：《古代家书选》，漓江出版社1984年版

13. 丁文江、赵丰田：《梁启超年谱长编》，上海人民出版社2009年版

14. 董力：《曾国藩家书》，四川文艺出版社2008年版

15. 杜垒：《际遇——梁启超家书》，北京出版社2008年版

16. 邓伟志、徐新：《家庭社会学导论》，上海大学出版社2006年版

17. 傅敏编：《傅雷家书》，辽宁教育出版社2004年版

18. 丰一吟：《我的父亲丰子恺》，团结出版社2007年版

19. 丰子恺：《丰子恺自传》，江苏文艺出版社1996年版

20. 丰陈宝、杨子云：《丰子恺随笔精品》，上海古籍出版社2004年版

21. 侯树栋主编：《一代伟人陈云》，人民出版社2005年版

22. 胡适：《胡适自传》，江苏文艺出版社1995年版

23. 华人德:《中国历代人物图像集 (上、中、下)》,上海古籍出版社2004
    年版

24. 姜烁:《千古英雄绝命辞》,团结出版社2005年版

25. 金宏达:《太炎先生》,中国华侨出版社2003年版

26. 鲁秋园编注:《红色家训》,江西人民出版社2006年版

27. 鲁秋园编注:《红色遗嘱》,江西人民出版社2006年版

28. 卢正言:《中国历代家训观止》,学林出版社2004年版

29. 吕文浩:《潘光旦图传》,湖北人民出版社2006年版

30. 李楠编著:《传世家书家训宝典》,西苑出版社2006年版

31. 梁家勉编著:《徐光启年谱》,上海古籍出版社1981年版

32. 马东玉:《曾国藩大传》,团结出版社2008年版

33. 瞿秋白:《瞿秋白自传》,江苏文艺出版社1996年版

34. 上海大学出版社:《钱伟长文选》第四卷,2004年版

35. 石仲泉、陈登才:《老一辈革命家的故事》,中共党史出版社2006年版

36. 上海古籍出版社:《荣德生文集》,2002年版

37. 盛兴军:《丰子恺年谱》,青岛出版社2005年版

38. 石仲泉、陈登才:《早期革命家的故事》,中共党史出版社2006年版

39. 田树德:《曾国藩家事》,江西人民出版社2008年版

40. 王世儒:《蔡元培先生年谱 (上、下)》,北京大学出版社1998年版

41. 王林:《左宗棠》,云南教育出版社2009年版

42. 吴孟庆:《文苑剪影》,上海辞书出版社2006年版

43. 吴方:《仁智的山水·张元济传》,上海文艺出版社2006年版

44. 吴荔明:《梁启超和他的儿女们》,北京大学出版社2009年版

45. 吴成平:《上海名人辞典》,上海辞书出版社2001年版

46. 吴其昌:《梁启超传》,团结出版社2004年版

47. 王成义：《徐光启家世》，上海大学出版社2009年版

48. 徐梓：《家范志》，上海人民出版社1998年版

48. 肖伟俐：《帅府家风》，中共党史出版社2007年版

50. 肖伟俐：《大家风范》，新华出版社2009年版

51. 于俊道：《生活中的陈云》，中央文献出版社2005年版

52. 叶幼明、贝远辰、黄钧：《历代书信选》，湖南人民出版社1980年版

53. 言夏：《国商——影响近代中国的十位商人》，当代中国出版社2008年版

54. 阎爱民：《中国古代家教》，台湾商务印书馆1998年版

55. 张如皋：《松江历史文化概述》，上海古籍出版社2009年版

56. 张树年：《我的父亲张元济》，百花文艺出版社2006年版

57. 张人凤：《智民之师张元济》，山东书报出版社1998年版

58. 张黎明：《我的父辈》，上海人民出版社2009年版

59. 张秀丽：《大儒章太炎》，华文出版社2009年版

60. 张光武：《史海丹心——周谷城画传》，上海书店出版社，复旦大学出版社2005年版

61. 张涛：《列女传译注》，山东大学出版社，1990年版

62. 朱正：《名人自述》，东方出版社2009年版

图书在版编目（CIP）数据

上海名人家训 / 胡申生著. —上海：文汇出版社，
2010.5
ISBN 978 - 7 - 80741 - 842 - 9

Ⅰ. 上… Ⅱ. 胡… Ⅲ. 家庭道德—格言—汇编—中国
Ⅳ. B823.1

中国版本图书馆CIP数据核字（2010）第048982号

上海名人家训

作　　者 / 胡申生
丛书主编 / 李伦新
责任编辑 / 陈今夫
特约编辑 / 项纯丹
装帧设计 / 周夏萍

出 版 人 / 桂国强
出版发行 / 文汇出版社
　　　　　上海市威海路755号
　　　　　（邮政编码200041）
经　　销 / 全国新华书店
照　　排 / 南京展望文化发展有限公司
印刷装订 / 上海新文印刷厂
版　　次 / 2010年5月第1版
印　　次 / 2010年5月第1次印刷
开　　本 / 640×960　1/16
字　　数 / 230千
印　　张 / 19.75

ISBN 978 - 7 - 80741 - 842 - 9
定　　价 / 36.00元